Stefan Terzibaschitsch · Die letzten Giganten der Meere

Stefan Terzibaschitsch

Die letzten Giganten der Meere

Die Schlachtschiffe der IOWA-Klasse

Bernard & Graefe Verlag

Das Foto auf dem Schutzumschlag zeigt BB-63 *Missouri* bei der Ankunft in Sidney, Australien, wo sie an den Feierlichkeiten anläßlich des 75. Jubiläums der Gründung der australischen Marine teilnahm.

Satz, Reproduktionen: MB Verlagsdruck, M. Ballas, Schrobenhausen
Druck und Bindung: Wiener Verlag, Himberg
Herstellung und Layout: Walter Amann, München
Printed in Austria

ISBN 3-7637-5961-1

Inhalt

Vorwort und Einleitung

Die Ära der Schlachtschiffe nähert sich ihrem endgültigen Ende! Die letzten Schlachtschiffe, die während dieser Ära noch im aktiven Dienst gestanden haben, sind die vier Einheiten der *Iowa*-Klasse. Sie wurden Ende der 30er Jahre konzipiert und entworfen, als noch die Erfahrungen aus der Skagerrakschlacht ihren Einfluß auf den Bau neuer Schlachtschiffe hatten. Der Kampf Schlachtschiff gegen Schlachtschiff stand damals im Mittelpunkt. Deren schwere Geschütze, deren Kaliber und Anzahl, deren Panzerung und Geschwindigkeit waren die Eigenschaften, um die es beim Wettbewerb der großen Marinen beim Bau von Schlachtschiffen ging. Es gab während der Zeit des Zweiten Weltkrieges nur wenig Gelegenheit für Kämpfe dieser Schiffe gegeneinander. Bereits zu Beginn des Zweiten Weltkrieges beeinflußten drei Dinge die Fortentwicklung der Schlachtschiffe:

- Fortschritte bei der Radarortungs- und Feuerleit-Elektronik,
- die Verwendung von Trägerflugzeugen als weitgehend entscheidendes Kampfmittel, und damit verbunden
- die Einstufung der Flugzeugträger als die wichtigsten Kampfschiffe einer Flotte.

Bekannt ist, daß seitdem die Schlachtschiffe in ihrer Wertigkeit auf die zweite Stelle gerückt sind. Mit viel Bravour spielten sie dennoch in manchen Situationen eine wichtige Rolle, so beim Fliegerschutz der Flugzeugträgergruppen gegen japanische Flugzeuge, so beim Landungsfeuer während der Invasionen von etlichen japanisch besetzten Inseln, so auch letztlich bei allen anderen Gelegenheiten, bei denen es der Einwirkung von schweren Schiffsgeschützen bedarf.
Der Zweite Weltkrieg hinterließ letztlich nicht mehr, als die vier Schiffe der *Iowa*-Klasse. Sie allesamt durchliefen Zeiten längerer Inaktivität, nur selten unterbrochen von kürzeren Reaktivierungen. So wurden alle vier Einheiten der Klasse zum Küstenbeschuß vor der Koreaküste eingesetzt. *New Jersey* beteiligte sich ein knappes Jahr lang am Landbeschuß vor Vietnam.

Dem zielstrebigen Aufbau der amerikanischen Seestreitkräfte, der ab Anfang der 80er Jahre nach Übernahme der Regierung durch Präsident Ronald Reagan eingeleitet wurde, ist es zu verdanken, daß alle vier Schlachtschiffe der *Iowa*-Klasse noch einmal reaktiviert wurden. Die Vorgeschichte und die Umstände dieser Reaktivierungsserie wurden in meinem 1989 beim selben Verlag veröffentlichten Buch »Comeback der *Iowa*-Klasse« detailliert beschrieben.

Während einer ganzen Dekade waren die »vier *Iowas*« rund um den Erdball überall dort, wo es galt, Flagge zu zeigen, Abschreckung zu üben, wo es Not tat (Libanon, Nicaragua). Auch sprachen ihre Waffen dort, wo es nicht möglich war, auf friedliche Art und Weise weltpolitische Probleme zu lösen (Libanon, Persischer Golf).

Im Vorgriff auf die nachfolgend abgedruckten Einsatzgeschichten der vier Schiffe, in einem gesonderten Abschnitt, werden die wichtigsten Stationen der letzten Dienstperiode tabellarisch in der nachfolgenden Übersicht zusammengefaßt.

Schon bei Ende der Reagan-Administration erwies sich, daß infolge des sehr hohen Staatsdefizites quer durch alle Bereiche des Staates rigoros gespart werden muß. Die danach folgende demokratische Clinton-Regierung übernahm dieses unselige Erbe und es waren die US-Streitkräfte, die fortan Zielscheibe für eine rigorose personelle und materielle Reduktion wurden. Wenn man Kostenvergleiche bei den jeweiligen Budget-Ansätzen anstellt, so stellt man fest, daß die Personalkosten hierbei den höchsten Anteil haben, noch weit vor den Anteilen für Beschaffung und Instandhaltung. Es galt also von nun an, an erster Stelle auf solche Schiffe zu verzichten, für die die Unterhaltung einer größeren Besatzung erforderlich war. Flugzeugträger, Schlachtschiffe, aber auch die älteren Kreuzer waren davon betroffen. Zum Nachteil der USA wurde die Anzahl der Flugzeugträger von 15 auf »11 + 1« reduziert, dies innerhalb von nur wenigen Jahren. »11 + 1«, das bedeutet: 11 aktive, einsatzfähige Träger und ein voll einsatzfähiger Träger (*John F. Kennedy*), der der »Naval Air Reserve Force« unterstellt wurde. Die nächstfolgenden Opfer waren dann die vier Schlachtschiff-Veteranen, von denen jeder eine Besatzung von knapp über 1 500 Mann beanspruchte. So war der Krieg gegen den Irak am Persischen Golf noch garnicht zum Abschluß gekommen, als die Navy mit der Aussonde-

Größere Einsätze und Werftzeiten der vier Schlachtschiffe zwischen 1983 und 1992

Jahr	Iowa (BB-61)	New Jersey (BB-62)	Missouri (BB-63)	Wisconsin (BB-64)
1983		Ausbildungsfahrt Pazifik, Nicaragua-Küste, Libanon-Küste		
1984	Überwachung Nicaragua-Küste	Libanon-Küste, Große Werftliegezeit		
1985	Manöver Ocean Safari, Manöver BALTOPS 85	V-J-Jubiläumsfeier San Francisco, Übungsperiode		
1986	Fleet Week New York, Manöver Northern Wedding	Diverse Manöver und Übungen	Dreimonatige Weltumrundung	
1987	Mittelmeer, Indik, Nordarabische See	Große Werftliegezeit	Persischer Golf	
1988	Persischer Golf, Fleet Week New York, Übungsfahrt Karibik	Manöver RIMPAC 88 Flottenparade Sidney	Manöver RIMPAC 88	
1989	Explosion in Geschützturm Nr. 2. Übungsfahrt Europa. Zeitweise Flaggschiff VI. Flotte	Ausbildungsreise Indik. Persischer Golf	Große Werftliegezeit, Manöver PACEX 89	Große Werftliegezeit
1990	Große Werftliegezeit zur Vorbereitung der Deaktivierung. 26. 10. 90 a. D.	»Abschiedsreise« Westküste	Manöver RIMPAC 90. Manöver READIEX 90	Manöver FLEETEX-3-90· Persischer Golf
1991		8. 2. 91 außer Dienst	Persischer Golf. 28-Tomahawk auf Irak abgeschossen + 40,6-cm-Beschuß. Fleet Week San Fransisco. Teilnahme an 50-Jahresfeier des Kriegsbeginns in Pearl Harbor. Filmprojekt »Alarmstufe: Rot«	24 Tomahawk auf Irak abgeschossen + 40,6-cm-Beschuß. Fleet Week New York. Deaktivierung. 30. 9. 91 außer Dienst.
1992			Deaktivierung. 31. 3. 92 außer Dienst	

Am 12. Januar 1995 wurden alle vier Schlachtschiffe aus dem Schiffsregister gestrichen.

rung ihrer vier BBs begann. Innerhalb von knapp zwei Jahren lagen diese Schiffe wieder dort, wo sie vor der letzten Reaktivierung gelegen haben:

– *Iowa* und *Wisconsin* in Philadelphia, PA,
– *New Jersey* und *Missouri* in Bremerton, WA.

Zum wiederholten Male unterzogen sie sich der allfälligen Konservierungsprozedur, die auch unter dem Begriff »Einmottung« bekanntgeworden ist.

Nach der Außerdienststellung eingemottet zu sein, das bedeutet, diesen Schiffen die Chance zu bieten, daß sie möglicherweise noch einmal aktiviert werden können. Die Zugehörigkeit zur Reserveflotte dauerte in diesem Falle nur zwei bis drei Jahre, denn bereits am 12. Januar 1995 ordnete der Marineminister (Secretary of the Navy) John Dalton – ohne daß der Kongreß vorher hierüber informiert wurde – an, daß alle vier Schlachtschiffe der *Iowa*-Klasse aus dem Schiffsregister gestrichen werden. Dies bedeutete, daß sie von diesem Zeitpunkt an nicht mehr zur Reserveflotte gehören und somit auch nicht mehr zwecks möglicher Mobilisierung instandgehalten werden. Der Marineminister gab als Grund für seine Entscheidung folgendes von sich: »Ein Schiff, das mehr als 1 000 Mann Besatzung benötigt, allein um aus dem Hafen zu kommen, ist finanziell nicht tragbar.« Dazu kamen noch die Mittel hinzu, die jährlich für Konservierungsmaßnahmen aufgebracht werden mußten. Diese Summen gingen ebenfalls in die Millionen Dollar, ohne daß abgesehen werden konnte, ob die Schiffe jemals wieder reaktiviert würden.

In der Fachpresse erhoben etliche Marineexperten ihre kritischen Stimmen gegen die ihrer Meinung nach unsinnige Maßnahme der Navy. Zum wiederholten Mal fand sich das U. S. Marine Corps jener 40,6-cm-Geschütze beraubt, ohne die es meinte, bei amphibischen Landungen nicht auskommen zu können. Die Präzision dieser Kanonen beim Beschuß von Zielen auf eine Entfernung von mehr als 40 km konnte auch durch den Einsatz noch so vieler Kampfflugzeuge nicht erreicht werden. Die Navy bemüht sich zur Zeit zwar darum, die Reichweite ihrer 12,7-cm-Geschütze durch Verwendung neuer Munition zu verdreifachen; an der Durchschlagskraft der 40,6-cm-Projektile mangelt es ihnen aber deutlich.

Jedesmal, wenn berühmte große Schiffe ausgemustert werden, melden sich entsprechende Interessentengruppen, die versuchen, diese Schiffe für ihre Städte oder Bundesstaaten als Denkmals- und Museumsschiffe zu gewinnen. In der Regel bedarf es nennenswerter Geldmittel, bevor solche Maßnahmen realisiert werden können. Dann aber – selbst wenn die Etablierung als Museumsschiff gelingt –, verschätzt man sich bei der Höhe der danach anfallenden Folgekosten, so daß manches der begonnenen Projekte kläglich scheitert.
Zur Zeit, da diese Zeilen verfaßt werden (Sommer 1996), kann über den letztgültigen Stand wie folgt berichtet werden:

- Der Kongreß – etwas sauer darüber, daß er übergangen wurde – empfahl der Navy, sie möge zwei der Schiffe wieder in die Schiffsliste aufnehmen, und zwar so lange, bis gleichwertiger Ersatz für die 40,6-cm-Geschütze gefunden und bei der Flotte eingeführt wird.

- Die Navy ihrerseits versichert, daß sie die vier Schlachtschiffe noch einige Jahre lang nicht zur Verschrottung freigeben würde, bis nicht klar ist, ob die diversen Initiativen zum Zuge gekommen sind, so daß danach klar ist, welche der vier Schiffe erhalten und welche verschrottet werden können.

Schlachtschiff-Freunde werden längst bemerkt haben, daß dies des Verfassers viertes Buch ist, das sich mit dieser Schiffsgattung der U. S. Navy beschäftigt... und seit 1989 das zweite, das sich mit der *Iowa*-Klasse auseinandersetzt und sie in den Vordergrund rückt. Weswegen also noch ein zweites *Iowa*-Buch, so mag sich der Leser fragen. Einmal zeigen die Verkaufserfolge von »Comeback...«, daß die Faszination dieser »Giganten der Meere« niemals nachgelassen hat. Der erste *Iowa*-Band hat die Vorgeschichte der letzten Reaktivierung zum Gegenstand gehabt, die mit Aktivierung der *New Jersey* begann und mit derjenigen der *Wisconsin* im Jahre 1988 ihren Abschluß fand. Die Herausgabe dieses zweiten *Iowa*-Bandes ist mit der folgenden Zielsetzung verbunden;

- Die Tätigkeit der vier BBs während ihrer letzten Dienstperiode soll in geschlossener Form nachgezeichnet werden; dies geschieht einmal in Form der geschlossen abgedruckten Einsatzgeschichten.
- Die in »Comeback«... auf Seite 139 abgedruckte Baudatentabelle wurde ergänzt.
- Die zahlenmäßigen Anteile der Besatzung bei den einzelnen Schiffsdivisionen konnten am Beispiel der letzten Besatzung der *Missouri* nachvollzogen werden.
- Die bislang im deutschen Sprachbereich an keiner Stelle behandelten Umbaupläne für die *Iowa*-Klasse nach dem Zweiten Weltkrieg sind in diesem Buch ausführlich beschrieben und durch Skizzen illustriert.
- Letztendlich wird hier das Aussehen von BB-61 bis BB-64 durch eine große Anzahl von Fotos aus der letzten Dienstperiode dokumentiert.
- Erstmalig bei meinen Büchern werden hierfür auch Farbfotos herangezogen.
- Nachdem in den vergangenen Schlachtschiffbänden zahlreiche Ausführungen über die technischen Eigenschaften und über den Einsatz von Schlachtschiffen gemacht worden sind, möchte der Verfasser diesmal den Lesern das Thema »Schönheit des Schiffes« durch eine reiche Illustrierung nahebringen.
- Fast alle hier veröffentlichten Fotos zeigen die vier Schiffe während ihrer letzten Aktivierungsperiode, d. h. zwischen 1982 und 1992.

Die Herausgabe dieses Bandes, – des 22. des Verfassers über Themen aus der U. S. Navy – wurde nach Absprache zwischen dem Bernard & Graefe Verlag und dem Verfasser beschlossen. Der Verfasser dankt dem Verlag dafür, daß er auf seine Anregungen eingegangen ist. Besonders positiv ist die stets gute Zusammenarbeit des Verfassers mit der Herstellung/Lektorat (Herr Amann) zu werten.

Herr Rob Cabo aus Middelburg/Niederlande half entscheidend bei der Sammlung und Zusammenstellung der Einsatzgeschichten der vier Schlachtschiffe. Ihm gilt mein besonderer Dank. Ich danke auch vielmals den beiden Mitgliedern meines »Teams Oldenburg« den Herren Michael Winter und Frank Findler, die Teile des Manuskriptes mit dem Computer bearbeitet haben.

Zu danken habe ich weiterhin den zahlreichen privaten Fotokorrespondenten, die Fotos der vier Schiffe für meine Sammlung beigesteuert haben. Es wurden weiterhin zahlreiche amtliche, von der U. S. Navy erworbene Fotos verwendet. Ein beträchtlicher Teil der Farbfotos entstammt japanischen Zeitschriften, von denen manch eine nicht mehr besteht.

Herbst 1996

71207 Leonberg *Stefan Terzibaschitsch*

Ergänzte Baudatentabelle

Zu den »Baudaten« gehören all diejenigen Daten, die ein Schiff von Anbeginn des Beschaffungsprozesses bis zu seiner endgültigen Aussonderung betreffen, als da sind:

- Autorisierung zum Bau und Mittelzuteilung im Rahmen eines bestimmten Etatjahres (FY),
- Vergabe an eine Bauwerft,
- Kiellegung bzw. Beendigung der ersten Bausektion,
- Stapellauf bzw. Ausdockung sowie
- Taufe, falls diese nicht am Tage des Stapellaufes stattfindet,
- jede Indienststellung,
- jede Außerdienststellung,
- Streichung aus dem Schiffsregister sowie
- definitiver Verbleib.

In meinen bislang verfaßten Schlachtschiffbüchern befinden sich solche Zusammenfassungen jeweils im entsprechenden Tabellenteil. In »Comeback der *Iowa*-Klasse« findet man auf Seite 139 eine gestraffte Zusammenfassung der In- und Außerdienststellungsdaten der vier *Iowas'* bis zum Zeitpunkt der Reaktivierungsaktion der 80er Jahre. Die nachfolgend abgedruckte Baudatentabelle schließt an die vorstehend erwähnte an und umfaßt die – vermutlich – letzten Außerdienststellungen der vier Schlachtschiffe einschließlich der Anfang 1995 verfügten Streichung aus dem Schiffsregister der U. S. Navy. Hiernach wurde die gesamte aufgelaufene aktive Dienstzeit errechnet, verteilt auf zwei *(Missouri)*, drei *(Iowa und Wisconsin)* bzw. vier *(New Jersey)* Dienstperioden.

Bei Umwandlung der errechneten Dienstmonate der aktiven Dienstzeit in Jahre wird deutlich, daß – setzt man das »Lebensalter« eines Schlachtschiffes auf 30 bis 40 Jahre voraus – in diesen Schiffen noch eine geraume Restdienstzeit innewohnt.

Ergänzend zu den auf Seite 140 von »Comeback…« abgedruckten Informationen bezüglich der designierten Stützpunkte kann jetzt abschließend festgestellt werden, daß die vier Schiffe die letzten Jahre wie folgt stationiert waren:

- *New Jersey* und *Missouri* in NS Long Beach, CA,
- *Iowa* und *Wisconsin* in NS Norfolk, VA.

Dementsprechend fanden die Schiffe nach der Aussonderung zu Beginn der 90er Jahre dort ihre Reserve-Liegeplätze, wo sie nach 1968 gelegen haben:

- BB-62 und -63 bei der ISNAC Bremerton, WA,
- BB-61 und -64 bei der ISNAC Philadelphia, PA

(ISNAC = »Inactive Ships Naval Activity«)

Ergänzte Baudatenübersicht

In- und Außerdienststellungen		*Iowa*	*New Jersey*	*Missouri*	*Wisconsin*
1. i. D.		22. 2. 43	23. 5. 43	11. 6. 44	16. 4. 44
1. a. D.		24. 3. 49	30. 6. 48	26. 2. 55	1. 7. 48
2. i. D.		25. 8. 51	21. 11. 50	10. 5. 86	3. 3. 51
2. a. D.		24. 2. 58	21. 8. 57	31. 3. 92	8. 3. 58
3. i. D.		28. 4. 84	8. 4. 68		22. 10. 88
3. a. D.		26. 10. 90	17. 12. 69		30. 9. 91
4. i. D.			28. 12. 82		
4. a. D.			8. 2. 91		
Dienstdauer in Monaten	1	73	61	127	50
	2	77	80	69	83
	3	77	19		34
	4		97		
Gesamtdienstdauer		227=18,9 Jahre	257=21,4 Jahre	196=16,3 Jahre	167=13,9 Jahre

Geplante Umbauten von Schiffen der *Iowa*-Klasse

Vorbemerkungen

Nachdem die amerikanischen Schlachtschiffe während des Zweiten Weltkrieges bis zu seinen dramatischen letzten Tagen bravourös jene Aufgaben erfüllten, die ihnen nach der Abgabe der Prioritäten an die Flugzeugträger noch verblieben waren, und es waren dies noch umfangreiche Aufgaben, kam das Kriegsende. *Schlachtschiffe* sind echte *Kriegsschiffe*; sie in Friedenszeiten zu unterhalten, war stets zu teuer, da sie in erster Linie mannschaftsintensiv sind. Personalkosten aber stehen an der Spitze der Schiffsunterhaltungskosten. Es verwundert daher nicht, daß die USN gleich nach Ende des Krieges nicht nur die alten Veteranen aussonderte, sondern gleich auch die nur vier bis sechs Jahre alten BBs der *North Carolina*- und *South Dakota*-Klasse. Außer diesen im Grunde modernen Einheiten verweilten weitere fünf bis 1959/60 in der Reserveflotte. Die Sequenz der unterschiedlichen Dienstzeiten der vier *Iowas* in den nachfolgenden drei Jahrzehnten ist hinlänglich bekannt. Bis 1960 verschwanden mit Ausnahme von BB-61 bis BB-64 sämtliche älteren Schlachtschiffe. Diese vier aber wurden als einzige Plattform vorgehalten, da sie über die für den Feuerschutz am besten geeigneten 40,6-cm-Geschütze verfügten. Während des Zeitraumes, da diese riesigen Schiffe aktiv waren, bzw. sich in der Reserveflotte aufhielten, wurden diverse schiffsgestützte Flugkörpersysteme entwickelt, erforscht, erprobt und zum Einsatz gebracht. Die gesamte Waffentechnologie wurde hierdurch revolutioniert, doch die Kosten hierfür stiegen ins unermeßliche. Bevor ausreichend *neue* Schiffe gebaut werden konnten, mußten die neuen FK-Systeme erst einmal auf *umgebauten* größeren Kriegsschiffen installiert werden. Neben zahlreichen anderen Umbauprojekten wurde auch erforscht, inwiefern Schiffe der *Iowa*-Klasse zu FK-Trägern umgebaut werden konnten.
Bevor die einzelnen Umbauentwürfe beschrieben werden, sei es gestattet, hier noch einige wichtige Hinweise anzubringen.
Bei Kriegsende gab es innerhalb der *Iowa*-Klasse noch die unfertig gebliebenen Schwesterschiffe *Illinois* (BB-65) und *Kentucky* (BB-66). Die diversen Entwürfe bezogen sich zunächst in erster Linie – wie nachfolgend zu sehen sein wird – auf *Kentucky*, doch hatten diese Entwürfe selbstverständlich für die ganze *Iowa*-Klasse Modellcharakter.
Um es vorwegzunehmen: keines der Umbauprojekte wurde jemals realisiert. Nachdem *New Jersey* (BB-62) bei der Reaktivierung im Jahr 1968 nur unwesentlich verändert wurde, so war die Reaktivierung von BB-61 bis -64 in den 80er Jahren nur mit einer Modernisierung verbunden.
Die folgenden Ausführungen stützen sich auf relativ detaillierte Beschreibungen der beiden Umbau- bzw. Modernisierungsvorhaben, von denen nur eines realisiert wurde. Hauptquelle bilden dabei die im Literaturverzeichnis von „Comeback…“ aufgeführten Schlachtschiffbücher von Dulin/Garzke, Norman Friedman und von Robert Sumrall. Einige Beiträge aus U. S. Naval Institute PROCEEDINGS waren zusätzlich hilfreich.

Umbau-Entwurf: Fla-Schlachtschiffe BB(AA)

Bei Ende des Zweiten Weltkrieges war die längst suspendierte *Illinois* zu 22% fertiggestellt; bei Erwägungen für einen möglichen Umbau schied BB-65 aus, da sie bei Kriegsende abgebrochen wurde. Bei der zweiten Ausdockung am 20. Januar 1950 war *Kentucky* zu 73% fertiggestellt. Die gesamte Antriebsanlage war bereits eingebaut, so daß hier die Chance gegeben war, das Schiff – in welcher Form auch immer – zu Ende zu bauen.
Untersucht wurden zwei Alternativen:

1. Die Fertigstellung als „Anti-aircraft-battleship“, BB(AA) und
2. die Fertigstellung als „Missile battleship“, BBG.

Ziel bei den Überlegungen war in jedem Falle die Integration von neu entwickelten Kampfsystemen mit bereits vorhandenen, größeren Schiffen.
Kentucky's Konstruktion war 1946 verlangsamt in der Erwartung, daß das Schiff als BB(AA) letztlich fertiggestellt wird. Dieses Projekt lief unter dem Code SCB 19. Am 17. August 1948 wurde dann der Bau fortgesetzt. BB-66 wurde im Januar 1950 ausgedockt, gerade noch rechtzeitig, um Platz zu machen für die drei Tage zuvor auf Grund gelau-

fene *Missouri*, die dann hier, in der Marinewerft Norfolk in Portsmouth, VA, eingedockt wurde.

Als BB(AA) würden auf *Kentucky* an Stelle der zu entfernenden 40,6-cm-Drillingstürme nunmehr Zwillings- oder Vierlingstürme mit glatten 20,3-cm-Rohren L/55 zur Aufstellung kommen, aus denen pro Minute sieben raketengestützte Projektile des Kalibers 10,2 cm verschossen werden sollten (Unterkaliber-Munition).

Die Nachladung der Geschütze könnte bei jeder Rohrerhöhung erfolgen. Das Geschützmodell scheint demjenigen zu ähneln, das zur fast gleichen Zeit auf den drei damals neuen Schweren Kreuzern der *Des Moines*-Klasse (CA-134, -139 und -148) eingebaut wurde.

Von diesem Vorhaben wurden offensichtlich keine Entwurfs-Zeichnungen veröffentlicht. Das ganze Projekt BB(AA) wurde in den frühen 50er Jahren wegen fehlender Mittel aufgegeben.

Umbau-Entwurf: FK-Schlachtschiffe – BBG

Kentucky verweilte seit den frühen 50er Jahren in der Marinewerft Norfolk in Portsmouth, VA, während das „Ship Characteristic Board" (SCB) über eine mögliche künftige Verwendung nachdachte. Die Hulk der *Kentucky* wurde kürzer, als sie im Mai 1956 ihre Bugpartie in Länge von 20,7 m an das Schwesterschiff *Wisconsin* abgab, dessen eigene bei einer Kollision mit dem Zerstörer *Eaton* (DDE-510) demoliert wurde. Weder Ruder noch Propeller waren auf der *Kentucky* installiert.

Aufgrund von Empfehlungen einer Studiengruppe empfahl das SCB, man möge BB-66 als FK-Träger (BBG) fertigstellen. Nach einem solchen Umbau sollte *Kentucky* zentrales Schiff einer aus Flugzeugträgern, FK-Kreuzern, Zerstörern und Radar-Frühwarn-U-Booten bestehenden Gruppe werden. In allem sollten fünf solche Kampfgruppen gebildet werden (*Kentucky* + vier Schwesterschiffe). Entsprechend der Entwicklung der FK-Technologie gab es 1955 zunächst Überlegungen bezüglich eines möglichen Umbaus als BBG nach dem folgenden Schema:

- Beibehaltung von zwei der drei 40,6-cm-Geschütztürme, mit der Option, diese zu Zwillingstürmen zu reduzieren, wenn es zur Verwendung von Atom-Projektilen Mk 23 kommen sollte.
- Hinzunahme von acht FK Regulus II (Reichweite: 1.000 n. Meilen).
- Installation von vier damals neuen 12,7-cm-Geschützen L/54, Mk 42, bzw. Beibehaltung von zwei geschlossenen Doppellafetten 7,6 cm L/50.
- Verstärkung der Flugzeugabwehr-Kapazität durch Einbau von einem Talos- bzw. Terrier-Starter.
- Aufstellung eines U-Jagdwerfers ASROC.
- Raum für zwei Helikopter.

Nach damaligen Vorstellungen sollten die Umbaukosten für diese Variante 15 bis 30 Mio. $ betragen.

Mitte 1956 erreichten die BBG-Studien ein Stadium, in dem zwei Alternativen untersucht wurden, bei denen auf die Geschütztürme ganz verzichtet werden sollte, zugunsten von viel umfangreicherer Verwendung von Lenkwaffen.

Alternative 1 (Zeichnungen A)

sah einen radikalen Umbau vor, bei dem eine eher phantastische Dotierung an FK-Anlagen geplant war:

- 16 ballistische FK des Typs Polaris, untergebracht in der Schiffsmitte samt einem Start-Turm,
- 4 Talos-Zwillingsstarter Mk 12 (je zwei vorne und achtern) mit insgesamt 320 FK,
- 12 (!) Tartar-Zwillingsstarter Mk 11 (je sechs an der Bordkante) mit insgesamt 504 FK.

Angesichts der zu jener Zeit erwarteten und befürchteten Luftüberlegenheit der Sowjetunion verwundert diese Massierung an Fla-FK-Anlagen keineswegs. Bei diesem Entwurf wurden die beiden dicken Schornsteine eliminiert, dafür wurden auf jeder Seite des Schiffes je zwei horizontal angebrachte Abgasstutzen vorgesehen. Hier, wie bei Alternative 2, wurden im Bugbereich sogenannte „antipitch fins" vorgesehen, die einem zu starken Stampfen des Schiffes entgegenwirken sollten. Hier gab es offensichtlich keine Rohrwaffen an Bord. Eine SINS-Anlage („Ships Inertial Navigation System") und eine Doppler-Sonaranlage sorgten dafür, daß stets eine exakte Ortsbestimmung vorgenommen werden konnte. Die gesamte Anordnung der Waffensysteme sowie der geplanten elektronischen Anlagen können den Zeichnungen (A) entnommen werden. Bei Realisierung dürfte hier die Umbauzeit 3 1/2 Jahre betragen, und der Umbau würde die für die damalige Zeit immense Summe von über 280 Mio. $ verschlingen.

Alternative 2 (Zeichnungen B):

Mit dieser Alternative kehrte man eher wieder auf den Boden der Realitäten zurück. Der hier vorgestellte Entwurf würde zwar 40 Baumonate in Anspruch nehmen, er würde jedoch „nur" 130 Mio $ kosten. Geplant war hier die Entfernung der vorderen Antriebsanlage, ohne die dem Schiff noch eine Restgeschwindigkeit von 27,5 kn verblieben

(A)

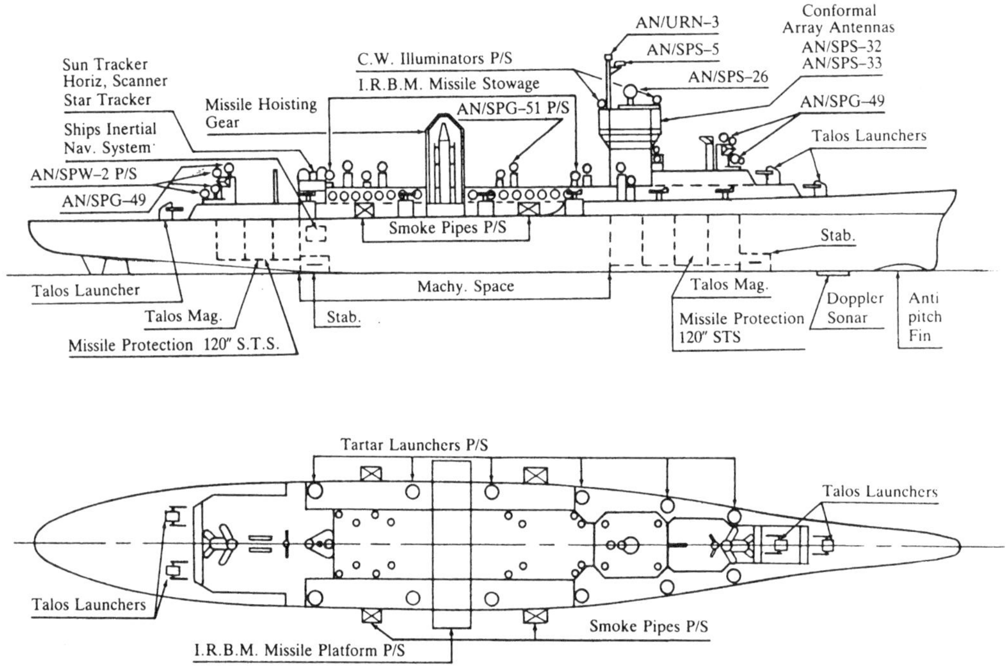

BBG-Umbau 1956, Alternative 1
Voller FK-Umbau mit 16 Startern für SAM-FK (insges. 824 Flugkörper) sowie 16 interkontinentale, ballistische FK des Typs Polaris. Nur der Original-Schiffskörper ist äußerlich unverändert geblieben. Umfangreiche Veränderungen im Schiffsinneren, völlig neue Aufbauten. Abgasstutzen seitlich.
aus Dulin/Garzke

(B)

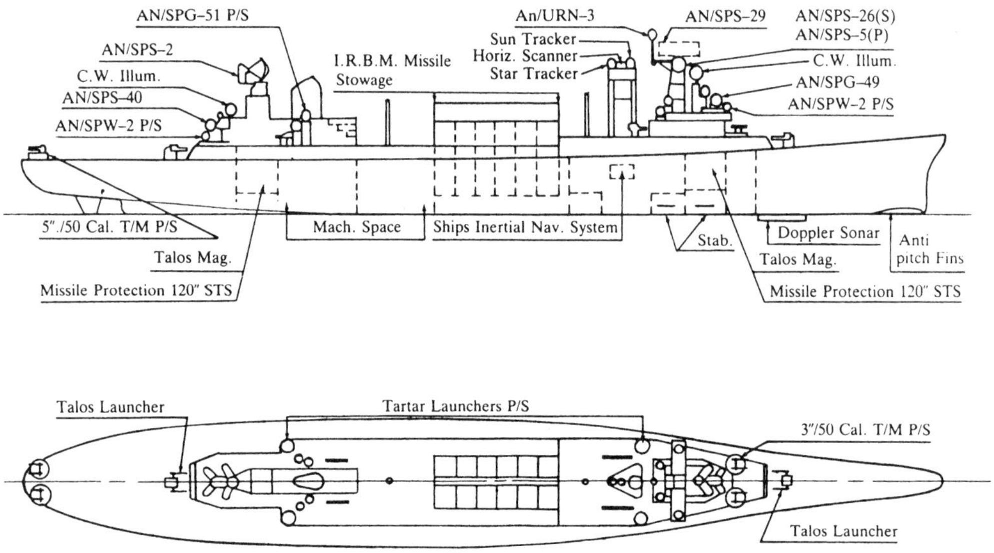

BBG-Umbau 1956, Alternative 2
Weit moderaterer FK-Umbau mit zwei Talos und vier Tartar-Starter; insgesamt 160 + 168 FK. Vordere Antriebsanlage ist zugunsten der Anlage für ballistische FK (12) ausgebaut, daher nur achterer Schornstein verblieben. Vier 7,6-cm-Zwillingslafetten an Bord. Elektronische Anlagen der 50er-Jahre waren vorgesehen.
aus Dulin/Garzke

C

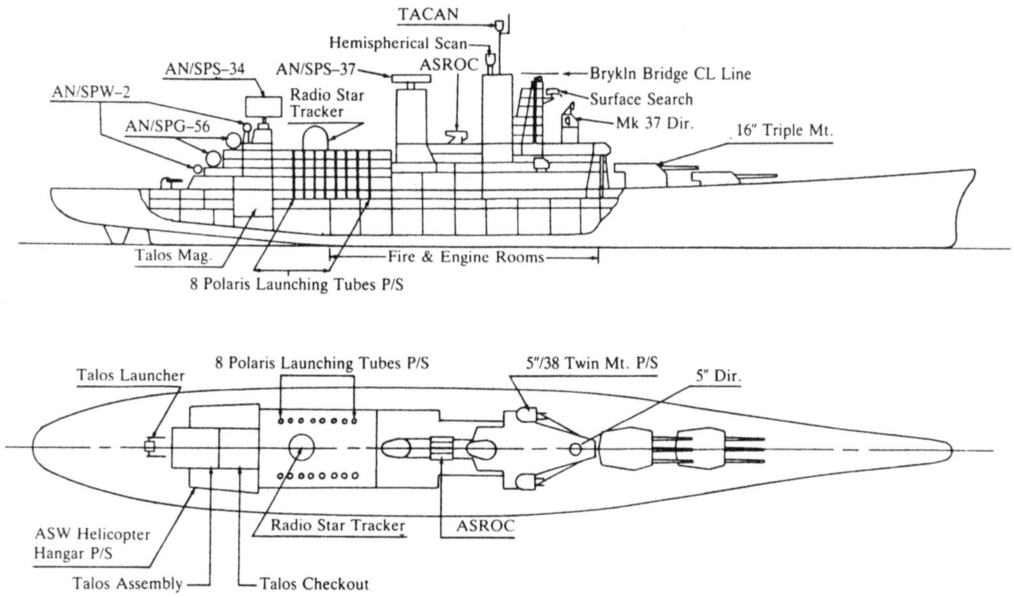

BBG-Umbauentwurf 1958, Alternative 1
Beibehaltung von je zwei Geschütztürmen 40,6-cm und 12,7-cm L/38. Ausbildung der Schornsteine als Mack's, ASROC in der Schiffsmitte. 16 Startrohre für Polaris, ein Talos-Starter Mk 12 mit 80 FK, zwei Hubschrauber-Hangars. aus Dulin/Garzke

---

D

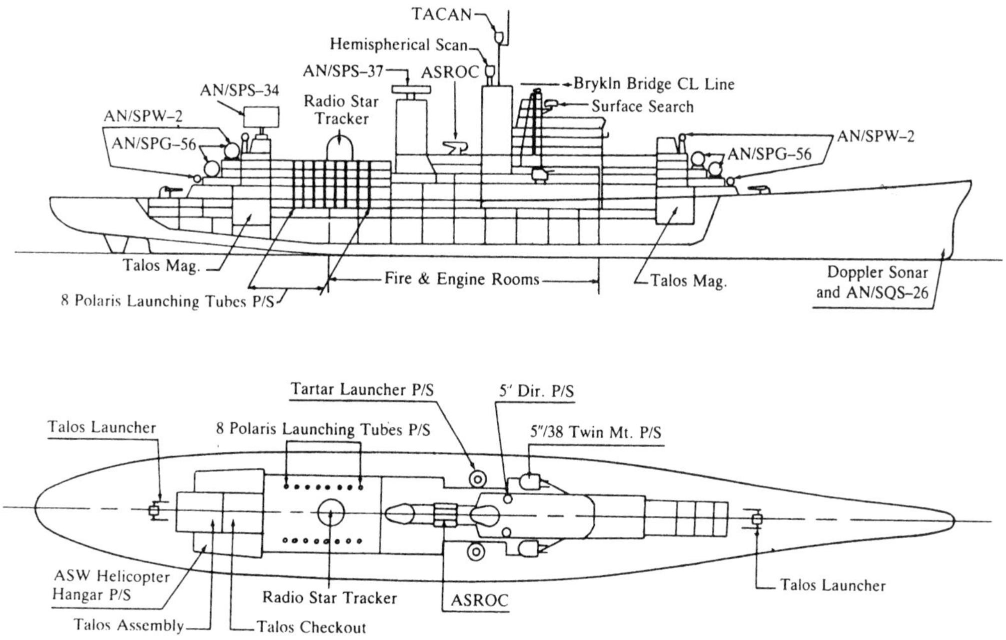

BBG-Umbauentwurf 1958, Alternative 2
Unter Verzicht auf die beiden vorderen 40,6-cm-Geschütztürme entspricht die SAM-Flugkörperbewaffnung der später realisierten Anordnung auf den Lenkwaffenkreuzern der *Albany*-Klasse: Zwei Mk 12-Starter mit 160 Talos und zwei MK 11-Starter für 84 Tartar-FK. Ansonsten Anordnung wie bei Alternative 1. aus Dulin/Garzke

wäre. Der hierdurch gewonnene Raum würde mit einem Magazin für die Senkrecht-Lagerung von Polaris-FK-Raketen kompensiert werden. Waffen-Dotierung:
- 12 IRBM-FK, Typ Polaris
- 2 Zwillingsstarter Mk 12 für Talos-FK
- 4 Zwillingsstarter Mk 11 für Tartar-FK
- 4 Zwillings-Geschützlafetten des Kalibers 7,6 cm L/50.

Diese beiden Entwurfs-Alternativen waren sicher auch die letzten, die auch für *Kentucky* hätten Gültigkeit haben können. BB-66 wurde am 9. Juni 1958 als überschüssig erklärt, aus dem Schiffsregister gestrichen und zur Verschrottung verkauft. Kostenüberschreitungen bei den Budgets verhinderten die Realisierung dieser Entwürfe.
Dennoch gingen die Studien weiter, nur sie bezogen sich fortan konzentriert auf die vier verbliebenen BBs der *Iowa*-Klasse. Als im März 1958 alle vier *Iowa's* in der Reserveflotte lagen, fertigte das Bureau of Ships eine weitere BBG-Studie an, die wieder in zwei Alternativen untergliedert war.

Alternative 1 (Zeichnungen C):

- Beibehaltung der beiden vorderen 40,6-cm-Drillingstürme.
- Beibehaltung von zwei geschlossenen Doppellafetten mit 12,7-cm-Rohren L/38.
- Ersatz des achteren 40,6-cm-Turmes durch einen Talos-Starter Mk 12 samt Magazineinrichtungen und Elektronik.
- Verzicht auf Tartar-FK.
- Aufstellung eines ASROC-Starters Mk 16 zwischen den Schornsteinen.
- Einbau von zwei Senkrechtstartanlagen für 126 ballistische FK des Typs Polaris.
- An beiden Seiten des Talos-Magazins je ein Hangar für U-Jagd-Helikopter.
- Ausbildung der beiden Schornsteine als Mack's zwecks Aufnahme von zusätzlichen elektronischen Geräten.

Alternative 2 (Zeichnungen D):

entsprach in Aussehen weitgehend der Alternative 1, mit Ausnahme der Aufgabe der beiden vorderen 40,6-cm-Geschütztürme zugunsten einer zweiten Talos-FK-Anlage. Auch wurden hier zwei Tartar-FK-Anlagen geplant. Zur besseren Bestimmung der jeweiligen Position war der Einbau sowohl einer Doppler-Sonaranlage wie auch der Sonaranlage SQS-26 geplant. Bevor hier die Polaris-FK in den Entwurf eingebracht wurden, war die Verwendung des Marsch-FK Regulus II geplant. Dieser Entwurf sah auch Flaggschiffeinrichtungen vor. Die Eliminierung der vorderen Geschütztürme und der Geschoßmagazine brachten Trimmprobleme mit sich. Da aus Stabilitätserwägungen der Tiefgang von 11 m beibehalten werden mußte, ergab sich eine Lösung der Problematik durch die Schaffung eines Tanks für 8.600 ts Treibstoff als Gewichts-Kompensation. Zusammen mit dem Treibstoffvorrat des Schiffes selbst würde sich hier eine Kapazität von rd. 16.500 ts ergeben; sie würde damit etwa so hoch sein wie die eines T3-Flottentankers. Diese Lösung war jedenfalls wirtschaftlicher, als die Einbringung von nutzlosem, festem Ballast. Ein so umgebautes Schlachtschiff wäre gut geeignet zur Beölung von Begleitschiffen wie Kreuzern und Zerstörern. Einschließlich der vier zusätzlichen Tartar-FK-Anlagen würde der Umbau eines Schiffes an die 193 Mio. $ kosten.

Nachdem kein einziger der vorstehend beschriebenen Entwürfe jemals realisiert worden war, gab es bei der U. S. Navy keine Versuche mehr, ballistische FK auf Überwasserschiffen einzusetzen. Ironie des Schicksals: beim Umbau des italienischen Kreuzers *Giuseppe Garibaldi* (1957/62) erhielt dieses Schiff vier senkrecht angebrachte Startrohre für Polaris-FK. Soweit bekannt, wurden aus diesen Rohren niemals wirklich Polaris-FK abgefeuert.
Drei hauptsächliche Gründe für das ab etwa 1960 nachlassende Interesse an den BBG-Entwürfen können aufgeführt werden:

- Bei Entfernung der schweren Geschütztürme ergab sich die Notwendigkeit der Entfernung der Barbetten-Panzerung. Diese Maßnahme war in erster Linie Grund und Ursache für die damals als sehr hoch erachteten Umbaukosten.
- Bei Beibehaltung der schweren Geschütztürme – dies vor allem aufgrund der Forderung des Marine Corps – ergäben sich große Probleme der Gefährdung der empfindlichen elektronischen Sensoren durch den Gasdruck der feuernden Geschütze.
- Neben den hoch prognostizierten Umbaukosten war es das fortgeschrittene Alter der Schiffe – nahezu 20 Jahre – das man als Hinderung für die BBG-Realisierung letztendlich ansehen kann.

Jedesmal, wenn durch Deaktivierung der Schlachtschiffe die 40,6-cm-Geschütze für den weitreichenden Objektbeschuß ausfielen, verfiel das Marine Corps in Besorgnis. Die Wirksamkeit der 20,3-cm-Geschütze der damaligen Schweren Kreuzer betrug nur 25% derselben der 40,6-cm-Geschütze.

Umbau-Entwurf: Kommando-Schlachtschiffe (CS) (Zeichnung E):

Auch in den 60er Jahren machte man sich Gedanken, auf welche Weise man die unbeweglich liegenden, konservierten Schiffsriesen einer nützlichen Verwendung zuführen könnte. Im April 1962 schloß das Bureau of Ships eine Studie ab, in der die Möglichkeiten der Umwandlung der Schlachtschiffe in „Commando Ships“ (CS) untersucht werden sollten. Die Kennung CS – die niemals offiziell eingeführt wurde – darf aber nicht darüber hinwegtäuschen, daß hier in Wahrheit ein amphibisches Schiff entstehen sollte, das nicht nur 1.800 Mann des Marine Corps würde aufnehmen und transportieren können, sondern auch noch Transport- und Kampfhubschrauber. Stichpunktartig mögen nachfolgend die zahlreichen Umbaumaßnahmen bei diesem Entwurf beschrieben werden:

- Entfernung des 40,6-cm-Geschützturmes Nr. 3.
- Errichtung eines Aufbauten-Blocks vom achteren Schornstein bis zum Heck. Diese Aufbauten umfassen einen Hangar (mit Aufzug) mit einer Helikopter-Fläche, weiterhin die Truppenunterkünfte und Stauräume für Landungsboote, samt dazugehörigen Kränen.
- Es sollten 18 LCM-6 bzw. alternativ 6 LCM-6 und 6 LCM-8 in Davits mitgeführt werden. Später war vorgesehen, daß die Landungsboote mittels vier 35-ts-Kränen ins Wasser gehievt werden sollten.
- Auf der Plattform konnten zugleich drei Helikopter landen, der Hangar sollte mehr als zehn aufnehmen können. Hangar-Ausmaße: 61 x 33 m.
- Bemerkenswerterweise war der Einbau der Sonaranlagen SQS-23 geplant.
- Die beiden vorderen Geschütztürme sollten verbleiben, wobei erwogen wurde, Turm Nr. 1 als Zwillingsturm umzubauen. Auf diese Weise sollten auch Atom-Granaten Mk 23 verschossen werden können.
- Es sollten nur zwei Doppeltürme 12,7-cm L/38 verbleiben, als Alternative war hier der Ersatz durch die neue Leichtgewichtkanone 12,7-cm-Mk 45, oder Tartar-Starter Mk 11 geplant.
- Die Schiffe sollten zusätzlich eine U-Jagdkomponente erhalten. Das erklärt auch den Einbau der SQS-23-Sonaranlage. Auf dem Vorschiff sollte ein ASROC-U-Jagdwerfer aufgestellt werden, der allerdings gegen die Einwirkung des Gasdrucks der dahinter schießenden 40,6-cm-Geschütze gesichert werden müßte.
- Ausmaße des Helikopter-Aufzuges: 15 x 7,6 m.
- Bei einer Zuladung von 8.000 ts Treibstoff, 100 ts Benzin und 6,75 ts JP-5-Jet-Treibstoff würde jedes so umgebaute Schiff 57.100 ts verdrängen.

Wie mancher der vergangenen und künftigen Umbauentwürfe wurde auch dieser CS-Entwurf Opfer der gekürzten Geldmittel. Die Realisierung würde nach damaligen Vorausberechnungen 64 Mio. $ verschlungen haben, eine Summe, die die Navy-Führung zu jener Zeit als zu hoch ansah. In Verbindung mit der großen Kapazität an mitzuführendem Treibstoff gingen eine kurze Zeit Überlegungen in die Richtung, die vier *Iowa's* in schnelle Versorgungstanker umzuwandeln, eine Absicht, die auch scheiterte, die dann aber direkt zum Bau der vier AOE der *Sacramento*-Klasse führte, die 26 kn schnell waren. Dabei ist bekannt, daß AOE-1 und -2 je eine halbe Antriebsanlage der *Kentucky* (BB-66) erhielten. AOE-3 und -4 erhielten dann neu gebaute Antriebsanlagen.

AEGIS-Umbau-Studie

Mit Ausnahme der kurzlebigen Gastrolle der *New Jersey* 1968 vor der Vietnam-Küste, für die das Schiff nur sehr moderat modernisiert wurde, lagen die vier *Iowa's* praktisch

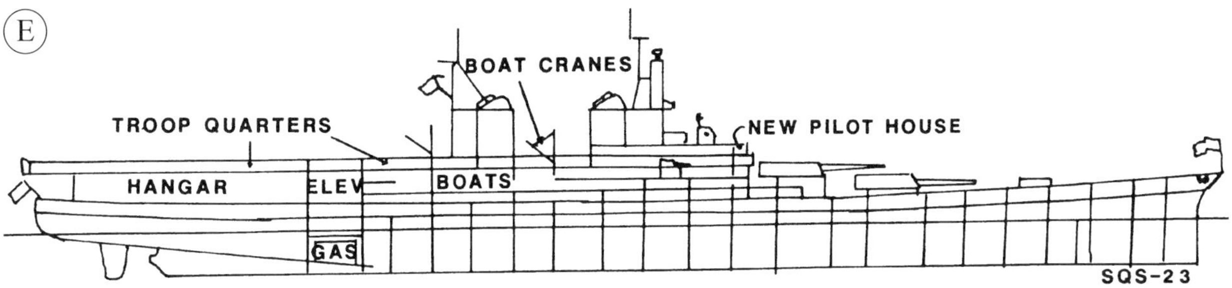

CS-Umbauentwurf als Kommandoschlachtschiff 1962
Verbleib von je zwei 40,6- und 12,7-cm-L/38-Türmen. Umfangreiche Umgestaltung der achteren Schiffshälfte. Hinweis auf die geplante Installation der Sonaranlage SQS-23 im Vorschiff. aus N. Friedman

zwischen 1954 und den frühen 80er Jahren konserviert in der Reserveflotte. Etwa Mitte 1973 gab es Initiativen zur Streichung zumindest von BB-61 und -64. In Verbindung mit einer damals möglich erscheinenden Aggression der Sowjetunion sah das „Center for Naval Analysis" 1974 Chancen für die Ausstattung der *New Jersey* mit dem damals aufkommenden Kampfsystem AEGIS, das inzwischen auf gut drei Dutzend U.S.-Schiffen zum Einsatz gekommen ist. Die große Reichweite von AEGIS bot die Chance der frühzeitigen Ortung sowjetischer FK sowie der Bekämpfung sowjetischer Überwasserstreitkräfte auf große Distanz. Hauptparameter nach der 1975 fertiggestellten Studie resultierten in den nachfolgend beschriebenen Maßnahmen:

- Beibehaltung der gesamten Haupt-Artillerie,
- Beibehaltung von so vielen 12,7-cm-Geschützen wie möglich,
- Aufstellung von zwei Sea Sparrow-Startern Mk 25,
- Aufstellung von vier CIWS-Anlagen zur Nahverteidigung,
- Installation von zwei FK-Anlagen Mk 26 für Standard-FK,
- Einbau von zwei Feuerleitanlagen AEGIS Mk 7,
- Zuladung von acht Marschflugkörpern und 16 taktischen SSM Harpoon, beides ohne Nachlademöglichkeit,
- Hangars für wettergeschützte Mitnahme und Instandhaltung von zwei Helikoptern des Typs H-60.

Der Einbau von AEGIS würde hierbei die größte Auswirkung auf die Schiffssysteme der *New Jersey* haben. Der hohe Stromverbrauch von AEGIS würde den Einbau von drei zusätzlichen 750-kW-Diesel-Generatoren zur Folge haben. Auch müßten recht schwere Fundamente für die Aufstellung von AEGIS-Radar SPY-1 angebracht werden. Die Studie befaßte sich u. a. auch mit Maßnahmen zur Einschränkung des Bestreichungswinkels der 40,6-cm-Geschütze zum Schutz der AEGIS-Anlage vor Beschädigung durch Gasdruck. Auch diese Umbau-Initiative kam nicht zum Zuge, sie bildete aber in etwa die Grundlage für die ab Anfang der 80er Jahre begonnene Reaktivierung aller vier Schlachtschiffe der *Iowa*-Klasse. Illustrationen dieser Umbauform wurden der Öffentlichkeit nicht vorgeführt.

Modernisierungs-Entwürfe der 80er Jahre

Auch hierbei gab es zwei Alternativen, die aber in diesem Falle als „Phasen" bezeichnet wurden. Als

PHASE I (Zeichnungen X und Y)
wurden diejenigen Modernisierungsmaßnahmen bezeichnet, die bei der nunmehr erfolgten Reaktivierung aller vier BB der *Iowa*-Klasse während der 80er Jahre tatsächlich durchgeführt wurden. Es erübrigt sich, an dieser Stelle auf alle Details bei Phase I einzugehen, da hierüber in meinem Buch „Comback der *Iowa*-Klasse" (Bernard & Graefe Verlag, Koblenz 1989) ausführlich auf den Seiten 135 bis 139 berichtet wurde. Hingewiesen wird auf die im hier vorliegenden Buch veröffentlichte Foto-Dokumentation, in der die wenigen während dieser letzten Dienstzeit erfolgten außen sichtbar gewordenen Änderungen festgehalten wurden. Die Maßnahmen in Verbindung mit der Reaktivierung sollten schnell durchgeführt werden und „wenig kosten". Unter anderem war dies nicht nur eine militärische, sondern auch eine politische Angelegenheit. Die Regierung Reagan mußte – sollte sie die vier Schlachtschiffe allesamt „kriegen" – den Kongreß nicht nur von der Notwendigkeit der Reaktivierung überzeugen, sondern auch davon, daß hier weitere potentielle Kampfwertsteigerungen möglich sein würden. Schon nach der Reaktivierung der *New Jersey* am 28. Dezember 1982 wurden Studien zur Durchführung der als solche bezeichneten „Phase II" initiiert, um die Umbauform zu bestimmen.

PHASE II (Zeichnungen F und G)
Es bestand die Absicht, alle vier Schlachtschiffe bei der jeweils nächstfälligen großen Werftinstandsetzung dem Umbau nach Phase II zuzuführen. Nur der Ordnung halber: es gab hierfür keine Modifikations-Konzepte. Dabei gab es die Alteration 4A, bei der u. a. das Radar-System AEGIS vorgesehen war sowie die Mitnahme von 100 Fk-Standard SM-2 und von zahlreichen Tomahawk-FK. Bei dieser Alternative würden alle 40,6-cm-Türme entfernt, zum Zwecke der Schonung der gegen Detonationen sehr empfindlichen Sensoren. Einzelheiten der letztlich selektierten Alternative des Umbaus nach Phase 2 wurden in meinem Buch „Comback der *Iowa*-Klasse", Seite 140/141, veröffentlicht. Einige Ergänzungen zu den dortigen Ausführungen:

- Sowohl der 40,6-cm-Turm Nr. 3 wie auch Teile der achteren Aufbauten sollten entfernt werden, die Barbetten-Panzerung wäre jedoch verblieben.
- Der ca. 6 m hohe Hangar würde um die Barbette herum angeordnet werden.
- Das über dem Hangar ausgebildete Flugdeck würde ca. 99 m lang und 24,4 m breit sein. Es würde im achteren Bereich über die Deckskante ragen.
- Zwölf AV-8 Harriers würden mitgeführt werden können, sie würden jedoch - da ohne schwere Waffen - Zielgebungs- und Beobachtungsmissionen fliegen.

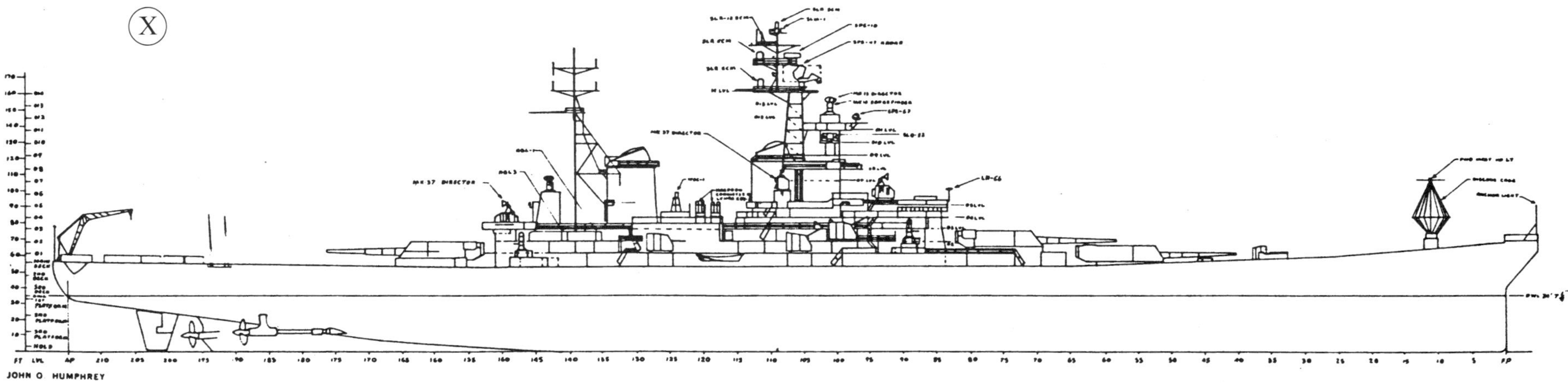

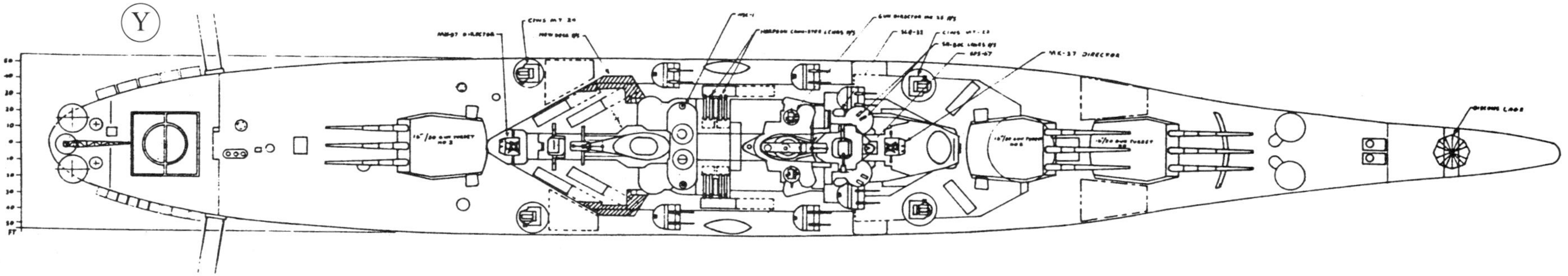

Vorentwurf des Umbaus nach Phase 1 der 80er Jahre
Wohlbemerkt: dieser Vorentwurf stellt den Umbau nach Phase 1 dar, wie er geplant war, wie er jedoch nicht zur Realisation kam. Etliches ist hier noch anders, als später vollzogen. Überflüssig die Belassung der leeren 40-mm-Flakwannen. Andere Anordnung von vier der acht Tomahawk-ABL-Starter und der Harpoon-Startrohre. Hier sind sechs Nahbereichsabwehranlagen CIWS Mk 15 Phalanx vorgesehen gewesen. Der Schornsteinmast wurde in Wirklichkeit später aufgegeben, dafür fehlt hier der Beölungsmast an der Steuerbordseite. Die Bezeichnung der zahlreichen Waffen und Sensoren wurden hier aufgeführt. USN

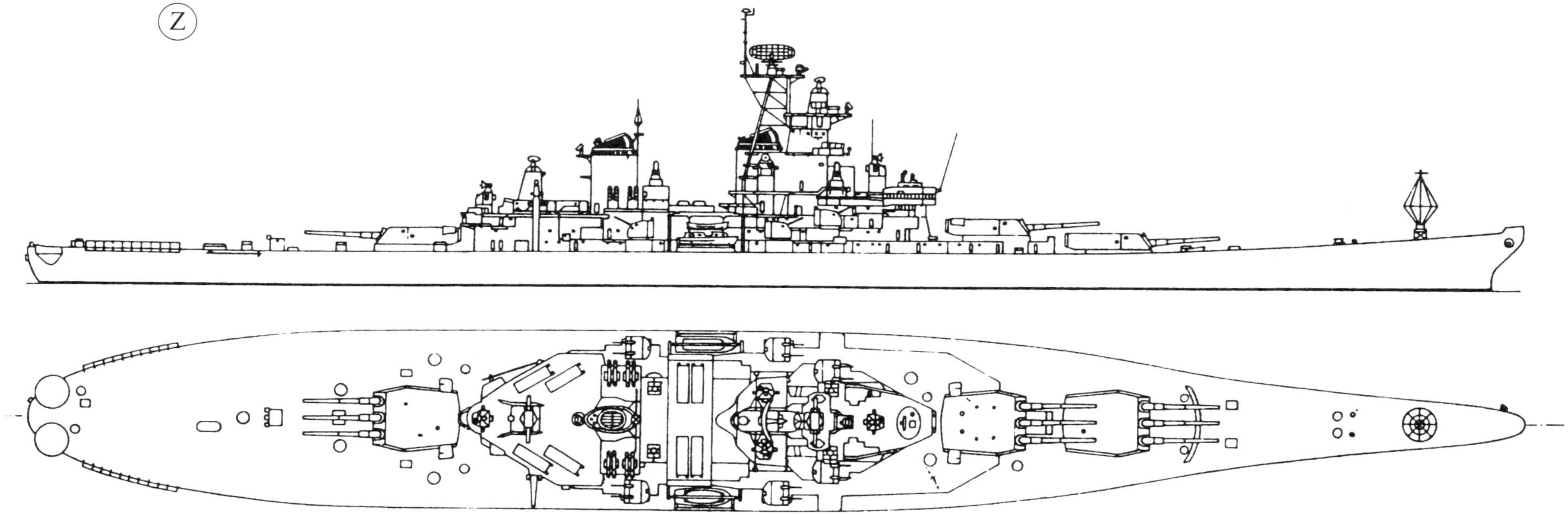

New Jersey 1982

Diese Zeichnung zeigt die letztlich gültige Form des Umbaus nach Phase 1. So sahen die vier Schlachtschiffe während der zehn letzten Jahre ihrer Dienstzeit aus. Lediglich die Installation der beiden kugelförmigen Radome unterhalb des Vormarses und an der Vorderkante des achteren Schornsteins auf zwei Einheiten der Klasse veränderten ein wenig das Aussehen der Schiffe. Hier fehlt auch der für die Pioneer-Drohnen aufgestellte kleine „Hangar“ hinter dem Geschützturm Nr. 3.

E. Kaiser

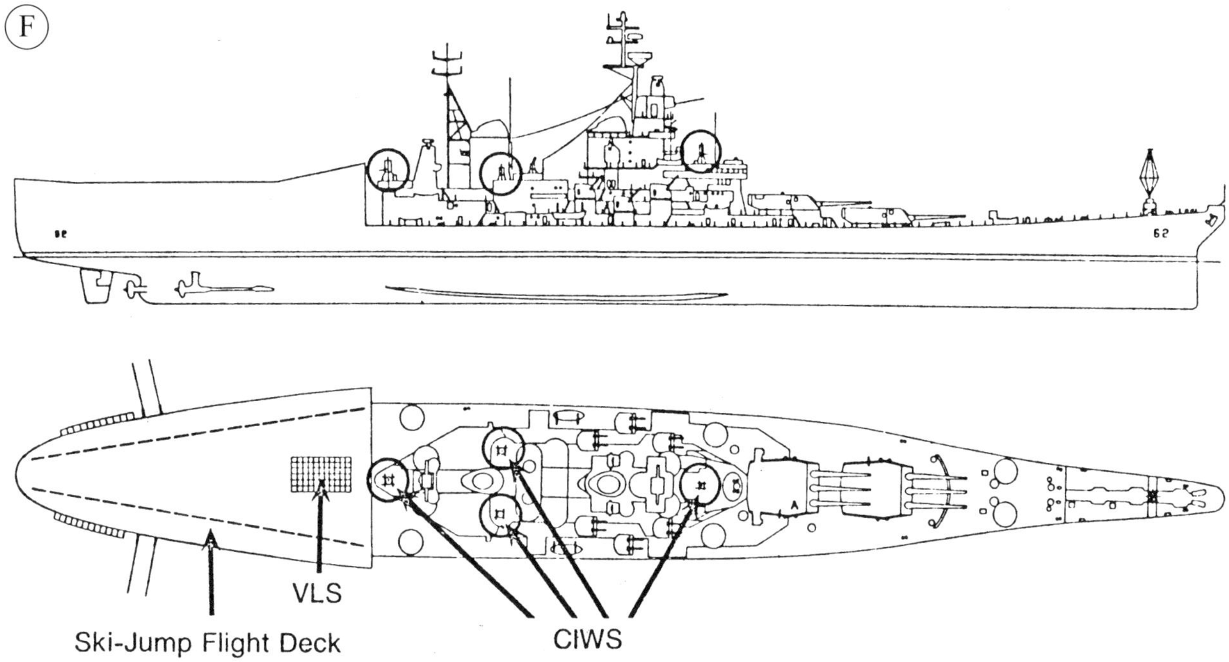

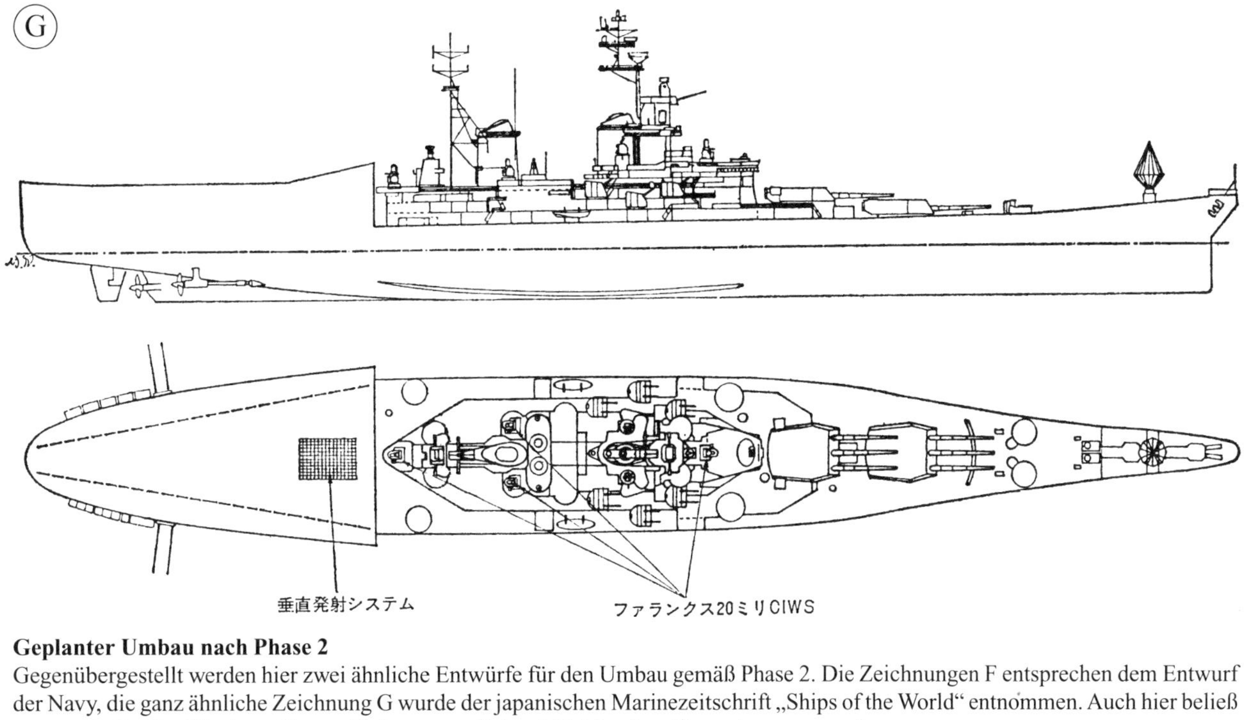

Geplanter Umbau nach Phase 2
Gegenübergestellt werden hier zwei ähnliche Entwürfe für den Umbau gemäß Phase 2. Die Zeichnungen F entsprechen dem Entwurf der Navy, die ganz ähnliche Zeichnung G wurde der japanischen Marinezeitschrift „Ships of the World“ entnommen. Auch hier beließ man noch die überflüssigen 40-mm-Flakwannen. Keine SAM-Lenkwaffensysteme vorgesehen.

- Im Hangarbereich würden alternativ bis zu 20 Hubschrauber Platz finden, wie auch 700 bis 800 Soldaten des Marine Corps.
- Das geplante VLS-Startermagazin würde möglicherweise innerhalb der Geschützturmbarbette seinen Platz finden.
- Aus den verbliebenen sechs 40,6-cm-Rohren würden alternativ verschossen werden:
- Standard 40,6-cm-Granaten,
- Präzise geleitete 28,0-cm-Unterkaliber-Granaten (mit 50 Meilen Reichweite) sowie
- Präzise geleitete Granaten mit Raketen-Stützung (mit 250 Meilen Reichweite).
- Das VLS-System würde eine gemischte Sortierung von 320 (!) Standard-, Tomahawk- sowie ballistische FK aufweisen.
- Im Hangar würde man ebenfalls eine gemischte Sortierung von AV-8 Harrier, MV-22 Ospreys, von SEAL-Kommandotrupps und rd. 800 Mann Truppen des Marine Corps unterbringen.
- Vorhaltung von logistischen Einrichtungen, Maschinen, Werkstätten und Lazaretteinrichtungen.
- Weitgehende Resistenz gegen Minen-, Lenkwaffen- und Torpedotreffer.

In der Erinnerung des Verfassers und seines damaligen Reisebegleiters, Herrn Merz, ist der Besuch beim Marineminister John Lehman am 10. April 1984 geblieben. „...wir kriegen sie (vom Kongreß – Anm. d. Verf.) ...alle vier..." äußerte Mr. Lehman damals, und – in diesem Monat bereits verwarf die Navy die Umbauabsicht nach Phase II.

C. E. Myers, Jr., ein Marineberater, spielte bereits Ende der 70er Jahre eine Schlüsselrolle bei der Entscheidungsfindung um die damals beschlossene Reaktivierung der vier *Iowa's*. In der Ausgabe 6/1995 von USNI PROCEEDINGS erinnert er nochmals daran, daß sich die Navy durch die Streichung der Schlachtschiffe von einem wichtigen Machtpotential verabschiedet hat, und er kritisiert diese Maßnahme genau so, wie dies einige republikanische Senatoren getan haben.

Eines von ganz wenigen Fotos, die die *Missouri* als Modell im Zustand nach Umbau entsprechend Phase II zeigt. Einige Ungereimtheiten sind festzustellen: gemischte alte und neue 12,7-cm-Artillerie, obsolete Flak-Wannen auf Turm 2 und Vorschiff. Eine von vier Phalanx-Anlagen Mk 15 in „nasser" Position in der vordersten Flak-Wanne. USNI PROCEEDINGS

Sonstige private Überlegungen zur Verwendung der Schlachtschiffe

Als es in den frühen 80er Jahren um die Reaktivierung der vier Iowa's und um deren mögliche Umbauvarianten ging, erschienen in PROCEEDINGS mehrere Leserbriefe und Kurzbeiträge von Sachverständigen, die in dieser Angelegenheit ihre eigenen Meinungen und Vorstellungen von sich gaben, zumeist ergänzt durch relevante Zeichnungen, die nachfolgend vorgestellt werden.

Modified Iowa class battleship von H. P. Pulver (Zeichnungen H)

Die Vorstellung dieser Umbauvariante erschien in der Juli-Ausgabe 1980 von PROCEEDINGS. Dieser Entwurf bezog sich auf die längst vorhandene Idee eines Hybrid-Schlachtschiffes, und hier erfuhr die Idee eine gründlichere Durcharbeitung, die einer näheren Betrachtung wert ist:

- Aufstellung eines Tartar-Starters Mk 26 auf dem Vorschiff, von dem aus Standard ER-FK gestartet werden würden.
- Beibehaltung der beiden vorderen 40,6-cm-Geschütztürme.
- Ersatz der 12,7-cm-Doppeltürme L/38 durch vier 12,7-cm-Kanonen L/54 Mk 45, von denen die beiden achteren keinen besonders günstigen Betreichungswinkel hatten.
- Installation des hiermit assoziierten FL-Systems Mk 86, das durch Modifikation hätte so verbessert werden können, daß es auch als Leitsystem für die 40,6-cm-Artillerie, unter Wegfall von Mk 13, hätte verwendet werden können.
- Aufstellung von drei CIWS Phalanx Mk 15.
- Umwandlung der beiden Schornsteine zu Mack`s (=„Mast and Stack“) mit seitlich abgewinkelten Abgasstutzen.
- Einbau der Radaranlagen SPS-40, SPS-48 und SPS-55 sowie der ECCM-Anlage SLQ-32(V)3 samt den dazugehörigen Täuschraketen-Werfern Mk 36 SRBOC (vier auf jeder Seite).
- Die Installation von zwei 8-Zellen-Mehrzweck-Startern Mk 25 ganz achtern, aus denen auch SSM-FK Harpoon gestartet würden.
- Die achteren 2/5 des Schiffes würden einen Hangar und eine darauf vorgesehene Landefläche mit Schräglandedeck in Richtung Backbord erhalten. Hangar- und Flugdeck sind durch einen Flugzeugaufzug miteinander verbunden. Das Flugdeck hängt seitlich über die Bordkante des Schiffes über. Die Abmessungen des Flugdecks würden 98 x 30,5 m betragen, d. h. eine Fläche von mehr als 32.000 Quadratfuß. Ein Flugzeugkatapult ist hier nicht vorhanden.
- Der Hangar würde eine Grundfläche von rd. 20.000 Quadratfuß haben, mit einer Höhe, die ausreichen würde, um AV-8 Harriers und CH-53E-Hubschrauber zu beherbergen.
- Fracht- und Munitionsaufzüge verbinden ebenfalls Hangar und Flugdeck.
- Der hinter dem Geschützturm Nr. 2 auf dem Aufbautendeck befindliche Freiraum würde geeignet sein, einige ABL-Kanister-Starter für Marschflugkörper aufzunehmen, wobei stets mit Gefahren infolge Beschädigungen der Kanister durch Gasdruck der schweren Geschütze gerechnet werden müßte.

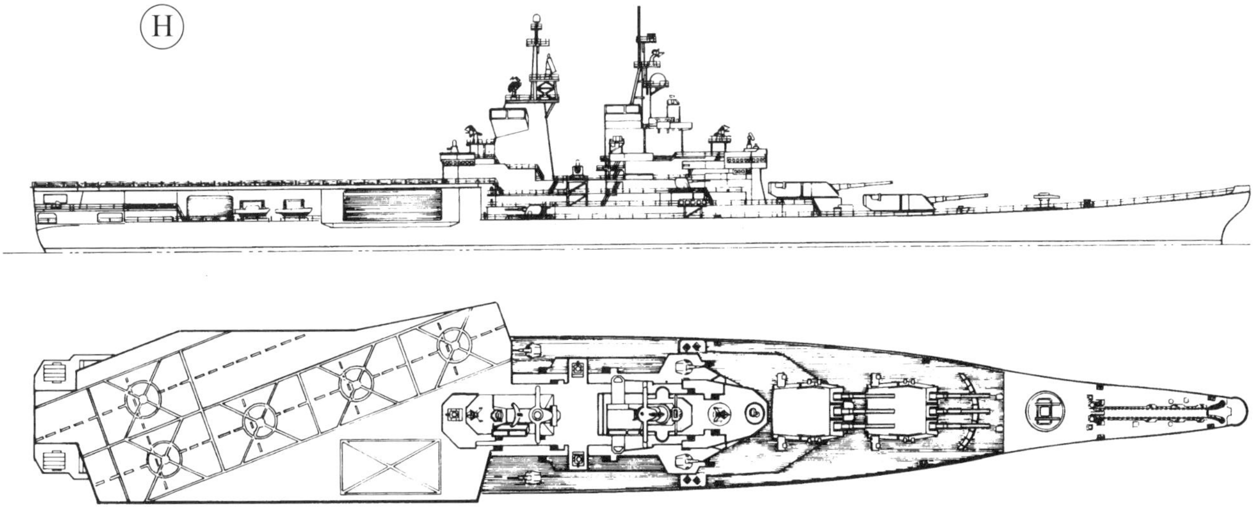

Privatentwurf des Umbaus nach Phase 2 von H. P. Pulver
Eine FK-Anlage Mk 26, Erhöhung der Schornsteine und Ausbildung als Mack's. Hangar mit Schräglandedeck. H.P. Pulver

Iowa-class Battlecruiser von Gene Anderson (Zeichnungen J)

Gene Anderson ist Schiffsarchitekt, während des Zweiten Weltkrieges war er als Intelligence-Spezialist im Stabe von Admiral Nimitz tätig. Er hatte Gelegenheit, gleich nach Ende des Zweiten Weltkrieges das halbgesunkene japanische Hybrid-Schlachtschiff *Ise* zu sehen und seine damals als sehr fortschrittlich angesehene Umbauform zu studieren. Anderson war also befugt, seine Vorstellungen und Ideen zum Hybrid-Umbau der *Iowa's* zu veröffentlichen. Seit dem Ende des Krieges hat sich viel geändert. Der *Ise*-Umbau war letztlich ein Flop gewesen, weil infolge des beschränkten Flugdecks die leistungsstarken japanischen Flugzeuge hier nicht starten, geschweige denn landen konnten. Die ausgiebige Verwendung von Helikoptern und senkrecht startenden und landenden Flugzeugen durch die U. S. Navy setzte ganz neue Maßstäbe und machte die Idee des Hybrid-Umbaus attraktiv.
Zusätzlich zu der offiziellen Navy-Zeichnung (Zeichnung F) steuerte Mr. Anderson in der Juli-Ausgabe 1981 von PROCEEDINGS einen eigenen Entwurf für den Umbau nach Phase II bei, der nicht zuletzt als Antwort auf den Pulver-Entwurf gesehen werden kann. Einige Bemerkungen zu Andersons Vorschlag:

- Wie bei Pulver: Beibehaltung der beiden vorderen 40,6-cm-Geschütztürme und Installation einer Mk 26-FK-Anlage davor.
- Vereinigung der beiden Schornsteine zu einem dicken - wobei beträchtliche interne Umbauten der Abgasführung Voraussetzung sein würden.
- Hierdurch würde das Flugdeck um rund 30 m kürzer und dadurch der Winkel des Schrägdecks zur Schiffsachse kleiner sein als bei Pulver.
- Am vorderen Ende des Flugdecks ist hier eine Skijump-Schanze vorgesehen; die Harriers würden bei STOL-Betrieb über den Flugzeugaufzug zu starten haben.
- Interessant ist aber die Anlage des Schrägdecks, wo offensichtlich an der Backbordseite ein Flugzeugkatapult vorgesehen ist.
- Eine ausreichende Länge vorausgesetzt, könnte man sich auch eine Bremsseilanlage mit 2-3 Bremsseilen denken, was den beschränkten Einsatz von Kampfmaschinen des Typs F-18 begünstigen würde.
  Die beiden Mehrzweck-Starter Mk 25 findet man, wie bei Pulver, ganz achtern.
- Obwohl die Entwicklung der 20,3-cm-Kanone L/55 MCLWG Mk 71 Ende der 70er Jahre durch die Carter-Regierung eingestellt wurde, bringt Gene Anderson zwei solche Kanonen in seinen Entwurf hinein. Die vier 12,7-cm-Kanonen Mk 45 sind wie bei Pulver aufgestellt, wobei die beiden achteren auch hier einen miserablen Bestreichungswinkel haben würden.
- Hier ist offensichtlich SPS-49 als Haupt-Radaranlage vorgesehen, während die Einplanung der FK-Feuerleitelektronik nicht erkennbar ist.

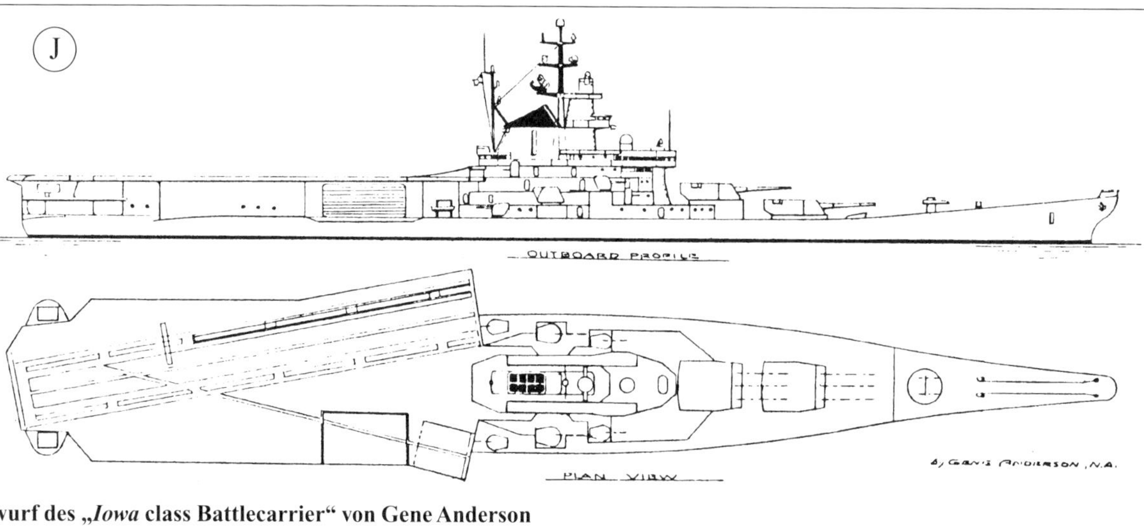

Entwurf des „*Iowa* class Battlecarrier" von Gene Anderson
Dies ist praktisch Andersons Version des Umbaus nach Phase 2 und zugleich Antwort auf Pulvers Entwurf. Zur Vorliebe des rührigen Schiffsarchitekten scheint die Kennummer „1" zu gehören. FK-Anlage Mk 26 vor den 40,6-cm-Türmen, Vereinigung der beiden Schornsteine zu einem dicken, dadurch größere Ausdehnung des Schräglandedecks. Einführung der längst aufgegebenen Kanone Mk 71 des Kalibers 20,3 cm.
G. Anderson

„The light Battleship" von Gene Anderson (Zeichnung K)

Nachdem bereits vor der Indienststellung der *New Jersey* im Dezember 1982 der Entwurf für die Umbauten gemäß Phase II veröffentlicht worden war, fragte sich der Marine-Architekt Gene Anderson zu Recht, was denn nun bei Realisierung von Phase II bei allen vier Schlachtschiffen mit den vier ausgebauten und nunmehr überzähligen 40,6-cm-Drillingstürmen geschehen sollte. Er gab in der November-Ausgabe 1982 von PROCEEDINGS darauf selbst eine Antwort und stellte dabei in einem Beitrag samt Seitenriß den Entwurf eines leichten Schlachtschiffes (BBL) vor.
Auf den ersten Blick erinnert dieser Entwurf ein wenig an die britischen Monitore des Ersten und des Zweiten Weltkrieges. In jedem Falle entsteht der Eindruck, als ob hier das Schiff um den schweren Geschützturm herum gebaut werden sollte. Natürlich *hätte* man theoretisch ein neues „normales" Schlachtschiff entwerfen und bauen können, um es unter Umständen mit allen vier 40,6-cm-Türmen zu bewaffnen. Indessen, zu Beginn der 80er Jahre, stand der Neubau von so großen, mannschaftsintensiven Schiffen nicht zur Debatte, ging es doch in jener Zeit lediglich um die zweckdienliche Restauration des vorhandenen Schiffsbestandes, die mit möglichst geringen Mitteln bewerkstelligt werden sollte.

Mr. Anderson berücksichtigt all diese Umstände und daher befürwortet das BBL, ohne sich darüber auszulassen, wieviele davon gebaut werden sollten.

- Daraus, daß auf der Zeichnung die Kennummer 1 angebracht wurde, folgt, daß Mr. Anderson tatsächlich an die amtlich noch nicht eingeführte Kategorie BBL gedacht hat.
- Der Entwurf sieht ein Schiff vor, daß etwa knapp 9.000 ts verdrängen sollte.
- Länge ü. a. x größte Breite x Tiefgang = ca. 122 x 25,6 x 6,7 m, mit einem „Schlankheits"-Grad von nur 1:4,8.
- Von Beginn des vorderen Drittels steigt die Deckslinie stark an.
- Oben abgerundeter Kreuzer-Vorsteven zum Zwecke des Schutzes des vorderen FK-Starters gegen überkommende Wellen.
- Zwecks Reduktion von Bugwellen - günstigerer Wirkungsgrad für Geschwindigkeit und Treibstoffverbrauch - ist hier ein schwerer Wulstbug eingeplant.
- Zur Sicherung einer besseren Manövrierfähigkeit bei Anker- und Anlegemanövern sowie zur Einhaltung der Position beim Küstenbeschuß sind vorn und achtern je zwei Strahl-Antriebsaggregate vorgesehen.
- Alle vitalen Aufbautenteile würden gepanzert sein.
- Zur Minderung der Einwirkung von Torpedos und Minen sind Torpedoschutzwülste eingeplant, in denen Treibstoff- und Wassertanks untergebracht sein würden. Der Entwurf sieht einen Dreifachboden vor.
- Offiziere und Mannschaften würden im Schiffskörper untergebracht sein, Kapitäns- und Flagg-Unterkünfte sind im Gefechtsturm.

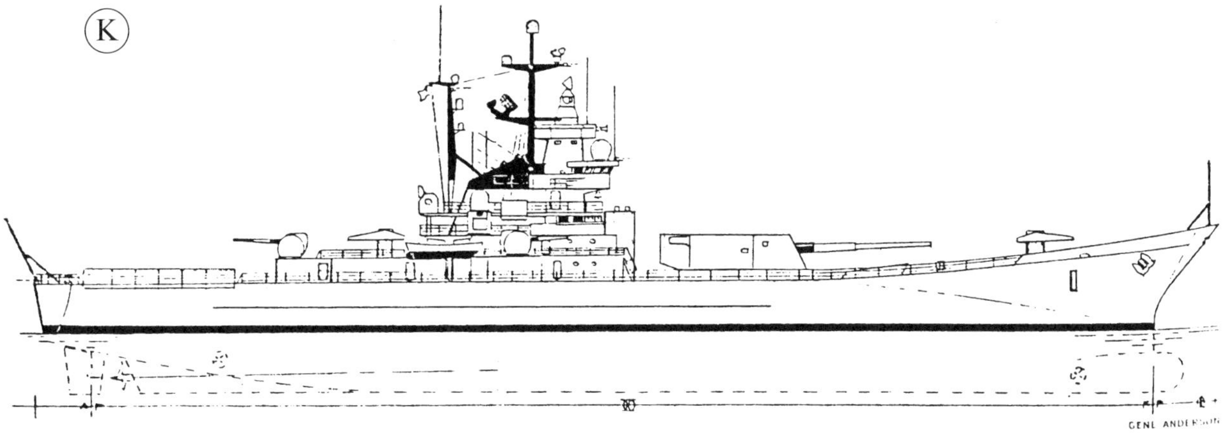

Das „Light Battleship" von Gene Anderson
Ein Drillingsturm 40,6 cm, jedoch zwei FK-Anlagen Mk 26 zur Eigen- und Verbandsverteidigung gegen Flugzeuge. Noch nicht frontreife 15,5-cm-Kanonen als Mittelartillerie. G. Anderson

- Der Gefechtsmast (Turmmast) sowie der hinter dem dicken Schornstein angebrachte Pfahlmast dienen der Aufnahme der zahlreichen elektronischen Geräte.
- Eine Antriebsanlage, bestehend aus vier oder sechs Dieselmotoren, soll 20.000 bis 25.000 Wellen-PS entwickeln. Bei Zwei- oder Dreiwellen-Antrieb könnte eine Geschwindigkeit von 20 bis 25 kn erreicht werden, die ausreichen würde, um einen Geleitzug zu eskortieren.
- Die Hauptdiesel wie auch die Generatoren sollten in zwei separaten Abteilungen untergebracht werden, voneinander getrennt durch Dreifach-Schotte. (Trennung der Antriebsanlage für den Fall von Gefechtsschäden.)
- Die Antriebsanlage sollte von den Brückennocks, vom Steuerhaus, vom gepanzerten Gefechtsleitstand und vom Maschinenleitstand direkt kontrolliert werden können.
- Die Haupt-Geschützbatterie besteht aus dem 40,6-cm-Drillingsturm, aufgestellt vor dem Aufbautenblock.
- Die Mittelartillerie könnte alternativ sein:
  drei bis fünf 12,7-cm-Kanonen Mk 45, oder
  ein Sologeschütz 20,3-cm Mk 48(?) achtern, oder
  drei bis fünf vertikal nachladbare Sologeschütze des Kalibers 15,5 cm L/50 (VLGM).

Die beiden letzterwähnten Geschütze erreichten niemals die Frontreife.

Zur Eigenverteidigung waren vorgesehen:

- zwei SAM-Starter Mk 26 für Standard-FK,
- zwei 20-mm-Nahbereichs-Abwehranlagen (CIWS) Mk 15 Phalanx.
- Der Wulstbug könnte zur Aufnahme von U-Jagd-Torpedorohren oder zum Einbau einer Sonaranlage genutzt werden.
- Zwei Beobachtungs-Helikopter können wetterfest in einem Heckhangar unter Deck untergebracht werden.
- Infolge der weitestgehenden Automatisierung sollte die Anzahl der Besatzungsmitglieder auf ca. knapp über 300 Mann beschränkt sein. Einen beträchtlichen Teil der Mannschaft würde der 40,6-cm-Turm beanspruchen.
- Bei Verwendung von bereits fertig entwickelten Kampfsystemen rechnet Mr. Anderson etwas großzügig mit einer Baukostensumme je Schiff, die zwischen den Bausummen für einen *Spruance*-Zerstörer und der für eine FFG-7-Fregatte liegen würde.
  Diese Summe könnte – ohne Gewähr – bei zwischen 500 und 700 Mio. $ betragen, wohlbemerkt auf der $-Basis der frühen 80er Jahre.

Bei den BBL würde es sich um ein universelles Schiff handeln. Einige mögliche Verwendungen:

Monitor *Roberts* der Royal Navy
Nur unzulänglich mag der Vergleich zwischen dem BBL und dem britischen Monitor *Roberts* sein, der zwischen 1941 und 1943 gebaut wurde. Ein Vergleichspunkt trifft jedoch für beide zu: sie wurden um einen schweren Turm mit Geschützrohren herum konzipiert. Bei *Roberts* war es ein Doppelturm mit Geschützrohren des Kalibers 38,1 cm. „Ships of the World“

- beim Küstenbeschuß mit schwerer und mittlerer Artillerie,
- als Leit- und Kommandoschiff von amphibischen Geleitzügen und für deren Schutz,
- in Friedenszeiten: „showing-the-flag"-Mission, Verwendung als Schulschiff für Seekadetten der Marine-Akademie und für Navy-Reservisten,
- „Ersatz" für die großen Schlachtschiffe bei live Kriegsspielen (Manövern).

Genau so, wie der Schlachtschiff-Umbau nach Phase II niemals realisiert wurde, so blieb auch BBL nicht mehr als ein sehr interessanter Vorschlag.

Ersatz eines 40,6-cm-Geschützrohres auf der New Jersey

Dies ist hinreichend bekannt: je nach Schieß-Häufigkeit werden einzelne Geschützrohre mehr abgenutzt, als andere. Damit nicht infolge abgenutzter Rohre beim Schießen größere Streuwerte entstehen, müssen in entsprechenden Abständen diese Geschützrohre ausgewechselt werden.
Eine solche Notwendigkeit entstand Mitte 1984, als das mittlere der drei Rohre von Turm 2 der *New Jersey* zur Auswechslung fällig wurde. Die Aktion fand im Juni 1984 in der Marinewerft in Long Beach, CA., statt, mit Unterstützung der Naval Ordnance Station in Louisville. Der Vorgang wird bei der Navy unter dem Begriff „regunning"geführt.
Nun fand zuvor der letzte Austausch eines 40,6-cm-Geschützrohres 1953 in der Marinewerft Norfolk, in Portsmouth, VA., statt. Somit gab es niemanden mehr, der eine für solch einen komplizierten Vorgang erforderliche Erfahrung mitbringen würde. Das einmalige Gewicht und die Länge des schwersten Schiffsgeschützes der U. S. Navy machten beim „regunning" die Anwendung anderer Methoden und Hilfsmittel erforderlich, als dies bei kleineren Geschützen der Fall ist. Ein solches Geschützrohr ist 20,7 m lang und 10,9 Tonnen schwer. Allein das Gewicht des Rohres machte es notwendig, daß durch Unterstützung des Decks dieses Gewicht gleichmäßig auf das Deck verteilt wird.
Nach Lösung sämtlicher Verbindungen wurde das alte Rohr in horizontaler Richtung vom Schlitten abgezogen und auf zwei mit Rollen versehene Hebebühnen niedergelegt, und zwar mit Hilfe eines auf der Pier aufgestellten Kranes. Hier-

Die vier auf der Turmdecke aufgestellten Winden hatten eine doppelte Aufgabe: Einmal sollten sie beim Abziehen des alten Rohres unkontrollierte Bewegungen desselben verhindern; danach zog man mit ihnen das Ersatzrohr auf den Rohrschlitten des Geschützturmes. USN

nach legte sich ein 425 Tonnen schwerer Marine-Schwimmkran längsseits der *New Jersey*. Er hob das auf den Hebebühnen ruhende alte Rohr und hievte es auf ein Stützlager des eigenen Vorderdecks. Danach wiederholte sich die ganze Prozedur in umgekehrter Richtung: das Ersatzrohr wurde vom Schwimmkran auf die Hebebühne niedergelegt. Mit Hilfe von vier pneumatischen Winden, die auf der Decke des Geschützturmes Nr. 2 befestigt waren, wurde das neue Rohr von den Hebebühnen auf den Rohrschlitten gezogen, während der auf der Pier befindliche Kran dasselbe auf der richtigen Höhe im Gleichgewicht hielt.
Dies hört sich alles recht plausibel an. Man suchte überall vergebens nach ausreichender schriftlicher Dokumentation zu diesem Vorgang. So gab es also 1984 bei der Planung des Rohraustausches auf der *New Jersey* keine schriftlichen Instruktionen. Es mußte improvisiert werden und es verwundert dabei nicht, daß die Aktion fünf Wochen in Anspruch genommen hat. Um einen solchen Nachteil für die Zukunft auszuschließen, stellte die Navy 1984 eine ausführliche schriftliche und fotografische Dokumentation zusammen, in der jede Phase der „regunning“-Aktion exakt festgehalten wurde. Sie wird fortan in den Geschütz-Arsenalen der Navy aufbewahrt. Eine solche Dokumentation würde bei künftigen Aktionen gleicher Art von unschätzbarem Wert sein, wenngleich man sich nach dem gegenwärtigen Stand der Dinge kaum vorstellen kann, daß es in absehbarer Zukunft noch einmal zum Austausch eines 40,6-cm-Geschützrohres auf einem Schlachtschiff kommen könnte. Es ist in der Fachpresse auch nicht bekannt geworden, ob und wann auf einem der Schlachtschiffe ein solcher Vorgang wiederholt worden ist.

Vom Schwimmkran wird das alte Geschützrohr auf das Deck abgelegt. Das Ersatzrohr liegt hier ebenfalls zur Übernahme bereit. USN

Mit Hilfe eines Dynamometers wird die Spannung der Windenseile kontrolliert. USN

Das Geschützrohr wird auf die beiden mit Rollen versehenen Hebebühnen abgelegt. USN

Mit Hilfe der Seilwinden wird die Horizontalbewegung des Rohres kontrolliert. USN

Die Höhe einer der beiden Hebebühnen wird adjustiert, um dem Geschützrohr in voller Länge Halt zu geben. USN

Letzte Besatzung von USS Missouri

Wie schon erwähnt, wurde *Missouri* (BB-63) am 31.3.1992 zum zweiten und vermutlich letzten Mal außer Dienst gestellt. Aus diesem Anlaß wurde ein sog. „Decommission Booklet“ gedruckt, das besonders geschmackvoll gestaltet ist und das eine Fülle von wissenswerten Informationen enthält. Unter anderem enthält die Schrift auch die Namen sämtlicher Besatzungsangehörigen zur Zeit der Außerdienststellung. Diese Aufstellung gibt dem Verfasser die Gelegenheit, die Zusammensetzung einer Schlachtschiffbesatzung zu durchleuchten und ihre Zugehörigkeit zu den einzelnen Schiffsabteilungen aufzuzeigen.
Vorweg: Die Anzahl der Besatzungsmitglieder auf jedem Kriegsschiff wechselt immer wieder. Es gibt Soll-Zahlen, jedoch weichen die aktuellen Zahlen hiervon stets ab. Bei der *Missouri* mögen drei Angaben von Interesse sein:

– Während des Zweiten Weltkrieges	134/2400 Mann
– Seit dem 10.5.1986	67/1501 Mann
– Letzte Besatzung am 31.3.1992 (gezählt)	59/1201 Mann

Die vorstehenden Zahlen verstehen sich jeweils einschließlich Marine Corps-Detachment.

Die wesentlich höhere Zahl der Besatzungsmitglieder während des Zweiten Weltkrieges erklärt sich aus der Tatsache, daß es damals wesentlich mehr Flugabwehrkanonen an Bord gab, d. h. mehr 12,7-cm-Geschütze L/38 sowie eine große Anzahl von 40-mm-Bofors und 20-mm-Oerlikon-Maschinenflak. Auch sonst ist eine Kriegsbesatzung stets viel stärker, als die in vermeintlichen bzw. wirklichen Friedenszeiten.

Die nachfolgende Zählung aus dem „Decommission Booklet“ schildert die Zahl der Offiziere, Oberbootsmänner und Mannschaften bei den einzelenen Abteilungen des Schiffes und den untergeordenten Schiffsdivisionen.

Die gegenüber der „normalen“ aktuellen Besatzung um 300 Mann reduzierte Besatzung deutet daraufhin, daß bereits während der Vorbereitung zur Deaktivierung Besatzungsmitglieder von Bord gegangen sind.

Offiziere	
Kommandant	1
Erster Offizier	1
Administration	2
Pfarrer	2
Decksoffiziere	8
Zahnärzte	2
Ingenieuroffiziere	13
Rechtsabteilung	1
Marine Corps-Detachment	1
Sanitätsoffizier	1
Navigation	1
Operationsabteilung	8
Presseoffiziere (Public Affairs)	2
Versorgungsoffiziere	6
Waffenoffiziere	10
	59

Oberbootsmänner	
Command Master Chief	1
Administration	3
Deck	7
Maschinenpersonal	19
Rechtsabteilung	2
Marine Corps-Detachment	1
Sanitäter	2
Navigation	1
Operationsabteilung	11
Presseabteilung	2
Versorgung	8
Waffen	20
	77

Mannschaften	
Administration	
Division X-1	14
Division X-2	12
Pfarrer	3
Deck	
1. Division	56
2. Division	39
3. Division	55
4. Division	50
5. Division	25
6. Division	33
Zahnärzte	4
Maschinenpersonal	
A-Division	51
B-Division	114
E-Division	57
M-Division	100
R-Division	42
Rechtsabteilung	9
Marine Corps-Detachment	39
Sanitäter	11
Navigation	8
Operationsabteilung	
OA-Division	12
OC-Division	46
OE-Division	14
OI-Division	49
OW-Division	11
OZ-Division	3
Presseabteilung (Public Affairs)	8
Versorgung	
S-1-Division	21
S-2-Division	44
S-3-Division	18
S-4-Division	9
S-5-Division	15
Waffen	
G-1-Division	17
G-2-Division	21
G-3-Division	20
G-4-Division	18
GM-Division	19
ORD-Division	8
F-Division	22
F-3-Division	25
	1124

Aus dieser Aufstellung ist nicht ersichtlich, in welcher Abteilung die Elektronikmannschaften untergebracht sind.

Einsatzgeschichte der vier Schlachtschiffe 1982 bis 1992

BB-61-Iowa

1.9.82	Schleppfahrt vom Liegeplatz in der Marinewerft Philadelphia zur Avondale Werft nach New Orleans. Nach Erledigung der Dockarbeiten Schleppfahrt nach Pascagoula, wobei bei Ingalls S.B. die Modernisierungsarbeiten vorgenommen wurden.
28.04.84	Nach Beendigung der Modernisierungsarbeiten Wiederindienststellung vor dem zweimal vorgeschobenen Termin und innerhalb der vorgegebenen Kosten. Verbleib bei der Atlantischen Flotte.
30.4.84	Schießübungen
5.84	Zwei Wochen Wiederholungstraining.
21.5.84	Schießübungen der 40,6-cm- und 12,7-cm-Artillerie vor Puerto Rico.
19.6.84	Unterwegs nach Caracas, Venezuela. Hafenbesuche, Systemcheck- und Schießübungen.
Mitte 7.84	Schießübungen vor Puerto Rico.
8.8.84	Unterwegs zur pazifischen Küste.
14.8.84	Überwachungsaufgaben vor der Küste Nicaraguas.
26.8.84	Rückfahrt durch den Panamakanal.
17.9.84	Ankunft in Norfolk.
10.84	Eine Woche Besuch in New York City.
1. bis 20.11.84	Manöver COMPUTEX 1-85 vor Puerto Rico.
12.84	Aufenthalt im Stützpunkt Norfolk.
1.85	Seeversuchsfahrten.
2.85	Unterwegs zur Einsatzfahrt (Deployment) vor Zentralamerika. Übungen mit einer Surface Action Group.
3.85	Rückkehr nach Norfolk, Munitionsabgabe.
26.4.85	Im Trockendock der Marinewerft Norfolk in Portsmouth, Va.
31.7.85	Ende der Dockzeit. Munitionsübernahme. Erprobung der Tomahawk-Anlage.
27.8.85	Zu einer SAG gehörend, unterwegs zum Manöver Ocean Safari. Geleitschutz zwischen Boston und Nordeuropa.
20.9.85	Nach Ende Ocean Safari Treff mit der *America*-CVBG. Hafenbesuche in Le Havre, Kopenhagen, Aarhus und Oslo.
12.10.85	Unterwegs zu Übungen BALTOPS 85 in der Ostsee.
18.10.85	BALTOPS 85 endet mit einem Hafenbesuch in Kiel.
26.10.85	Unterwegs nach Norfolk mit zahlreichen Übungen während der Atlantiküberquerung.
5.11.85	Ankunft in Norfolk.
2.86	„Presence"-Operation Zentralamerika.
3.86	Weiterhin vor Zentralamerika.
4.7.86	Teilnahme an der Internationalen Flottenrevue vor New York. Präsident Ronald Reagan nahm an Bord der *Iowa* die Parade ab.
8.86	Einzelübungen entlang der Küste von Florida und im Golf vom Mexiko.
17.8.86	Unterwegs zum Nordatlantik.
9.86	Teilnahme am NATO-Manöver Northern Wedding vor Norwegen. Hafenbesuche in Portsmouth, England, und in Bremerhaven.
2.10.86	Unterwegs nach den USA.
9.12.86	Seeversuchsfahrt vor Virginia Capes. Erstmaliger Start einer Aufklärungsdrohne des Typs Pioneer.
14.12.86	*Iowa* feuert den 1000. Schuß aus den 40,6-cm-Geschütztürmen seit der Wiederindienststellung im Jahre 1984.
9.1.87	Abfahrt aus Norfolk in Richtung Karibik.
10.1.87	Teilnahme an der Übung BLASTEX 1-87 in der Karibik.
18.1.87	Im Anschluß an das Manöver Hafenbesuche in Honduras, Kolumbien und den Jungferninseln.
11.2.87	Bereitschaftsinspektion in Guantanamo Bay.
13.2.87	Schießübungen vor Puerto Rico

26.2.87	Ankunft Norfolk, Werftzeit.
3.87	Unabhängige Schiffsübungen.
25.4.87	Abfahrt Norfolk in Richtung Karibik.
4.5.87	SACEX-Übung im Bereich Puerto Rico.
8.7.87	Teilnahme an Übung FLEETEX 3-87 im Westatlantik.
26.7.87	Aufmunitionierung in Yorktown.
10.09.87	Abfahrt Norfolk in Richtung Mittelmeer.
20.09.87	Ankunft Mittelmeer; unter dem Kommando des COM VIth FL.
22.9.87	Teilnahme an der Übung Display Determination.
8.10.87	Hafenbesuch Istanbul.
22.10.87	Abfahrt aus dem Mittelmeer.
26.10.87	Beginn der Operationen in der Nordsee.
30.10.87	Hafenbesuch Trondheim, Norwegen.
25.11.87	Durchfahrt durch Suezkanal in südl. Richtung.
4.12.87	Ankunft Diego Garcia.
7.12.87	Abfahrt Diego Garcia; Beginn der Operationen im Indischen Ozean und der Nordarabischen See.
7.1.88	Im Golf von Oman, u.a. Geleitschutz im Persischen Golf.
20.2.88	Durchfahrt durch Suezkanal in nördlicher Richtung.
10.3.88	Ankunft Norfolk, Werftzeit.
20.4.88	Abfahrt aus Norfolk nach New York City.
21.-25.4.88	Fleet Week, New York City.
25.5. bis 22.8.88	Werftaufenthalt Norfolk Naval Shipyard.
9.88	Vorbereitungen für die nächste Übungsfahrt.
7.10.88	Abfahrt in die Karibik, Operationen vor Guantanamo, Cuba, Schießübungen vor Puerto Rico.
6.12.88	Ankunft Norfolk.
26.1.89	Ausbildungsfahrt, Hafenbesuch New Orleans.
17.2.89	Ankunft Norfolk.
Mitte 4.89	Abfahrt in die Karibik.
19.4.89	Explosion im 40,6-cm-Geschützturm Nr. 2 während der Schießübung vor Puerto Rico. 47 Tote. Rückkehr nach Norfolk.
6.6.89	Abfahrt zur Ausbildungsfahrt nach Europa. Hafenbesuche in Kiel, Portsmouth, Rota, Casablanca, Marseille.
8.89 bis 11.89	Zeitweilig Flaggschiff der VI. Flotte, während Werftliegezeit von USS *Belknap* (CG-26).
7.12.89	Ankunft Norfolk.
9.1.90	Große Werftüberholung, beendet als Vorbereitung für die Deaktivierung.
26.10.90	Außerdienststellung.
12.1.95	Streichung aus dem Schiffsregister.

BB-62 New Jersey

27.7.81	Schleppfahrt von Bremerton zur Marinewerft Long Beach zur Modernisierung und Reaktivierung.
25.9.82	Erste Probefahrt.
28.12.82	Indienststellung in der Marinewerft Long Beach in Anwesenheit von Präsident Ronald Reagan.
22.4.83	Besuch in San Francisco; Übungen im Rahmen der III. Flotte entlang der Westküste; Vorbereitung zum Deployment.
10.5.83	Erste Tomahawk-Starts.
9.6.83	Abfahrt zur ersten Ausbildungsfahrt in den Pazifik. Zwischenaufenthalte in Pearl Harbor, Manila und Subic Bay.
24.7.83	Befehl zur sofortigen Fahrt in Richtung Zentralamerika wegen der Situation in Nicaragua.
26.8.83 bis 9.9.83	Übungen entlang der zentralamerikanischen Küste; währenddessen Eilpassage durch den Panamakanal in Richtung Mittelmeer.
21.9.83	Ankunft im Mittelmeer.
14.12.83 + 15.1.84 + 8.2.84	Vor der Küste des Libanon; Beschuß von syrischen Fla-Batterien.

26.2.84	Beschuß syrischer Batterien.
2.4.84	Rückfahrt in die Vereinigten Staaten.
5.5.84	Ankunft Long Beach.
15.6.84	Beginn der großen Werftliegezeit in Long Beach.
14.11.84	Ende der Werftliegezeit bis
Mitte 12.84	Ausbildungsfahrt.
4.2.85	Übungsfahrten Westküste, unabhängige Schiffsübungen.
10.7.85	Abfahrt zur einmonatigen Übungsperiode im Indik.
14.8.85	Kriegsschluß-Jubiläumsfeier in San Francisco.
Ende 11.85 bis	
Mitte 12.85	Diverse Übungen.
21.1.86	Teilnahme an der Übung COMPUTEX 2-86.
18.2.86	Teilnahme an der Übung READIEX 2-86.
28.5.86	Teilnahme am Manöver RIMPAC 86.
5.8.86	Teilnahme an der Übung Cobra Gold 86 im Golf von Thailand; dabei Besuche in Japan und Südkorea.
11.12.86	Ankunft Marinewerft Long Beach.
9.2.87 bis	
10.87	Große Werftliegezeit.
11.87	Seeversuche, Wiederholungstrainings und kleinere Übungen vom Heimathafen aus.
1. und 2.88	Diverse Übungen.
4.88	Teilnahme an der Übung FLEETEX 2-88.
5.88	Diverse kleinere Übungen und Besuch in San Francisco.
7.7.88	Abfahrt zum Manöver RIMPAC 88; Besuche in Südkorea, Philippinen und Australien. In Sydney Teilnahme an der Flottenparade anläßlich des 200. Jahrestages des Bestehens Australiens.
9.11.88	Ankunft in Long Beach.
Ende 1.89 bis	
Mitte 4.89	Teilnahme an kleinen Übungen.
2.6.89	Abfahrt zur Teilnahme an der Übung READIEX 89.
21.6.89	Rückkehr nach Long Beach.
25.7. bis	
14.8.89	Übungen.
15.9.89	Abfahrt zur Ausbildungsreise in den Indischen Ozean, dabei Besuche in Südkorea, Philippinen, Hong Kong und Singapur.
Ende 11.89	Ankunft im Indischen Ozean, Ablösung von *Midway* (CV-41).
Anfang 12.89	Ankunft an der Straße von Hormuz, Operationen im Persischen Golf, Besuche in Bahrein, Dubai und Pattaya Strand (Thailand).
26.2.90	Rückkehr nach Long Beach.
Während 6.90	
und 6.90	„Abschiedsreise" entlang der Westküste.
23.8.90	Beginn des Werftaufenthaltes zur Vorbereitung der Deaktivierung.
8.2.91	Außerdienststellung.
12.1.95	Streichung aus dem Schiffsregister.

BB-63 Missouri

14.5.84	Beginn der Schleppfahrt von Bremerton zur Marinewerft Long Beach zwecks Modernisierung und Reaktivierung.
25.5.84	Ankunft in Long Beach.
29.1.86	Erste Probefahrt nach erfolgter Modernisierung.
10.5.86	Indienststellung in San Francisco.
14.5. bis	
25.5.86	Schiffs-Qualifikationsfahrten im Bereich Süd-Kalifornien.
4.8. bis	
14.8.86	Wiederholungstraining Westküste.

10.9.86	Abfahrt zur dreimonatigen Weltumrundung.
16.9.86	Ankunft Pearl Harbor.
1.10.86	Ankunft Sydney.
26.10.86	Ankunft Diego Garcia.
7.11.86	Transit Suezkanal in nördlicher Richtung.
11.11.86	Ankunft Istanbul.
25.11.86	Ankunft Lissabon.
9.12.86	Transit Panamakanal.
19.12.86	Rückkehr nach Long Beach.
Rest 1986	Im Stützpunkt; Überholung und Instandsetzung.
10.1.87 bis	
23.5.87	Werftliegezeit.
6.87	Schießübungen.
7.87	Abfahrt von Long Beach in Richtung Arabische See und Persischer Golf.
8.87	Besuch Subic Bay.
30.8.87	Ankunft Nord-Arabische See; Beginn der Anwesenheits-Operationen im Persischen Golf. Insgesamt 101 Tage ununterbrochen in See, bis Ende November.
2.12.87	Abfahrt aus der Nordarabischen See. Während
12.87	zwei Besuche in Australien.
19.1.88	Rückkehr nach Long Beach, bis Ende
2.88	Teilnahme an mehreren kleineren Übungen.
3.88	Besuch in Vancouver, Canada.
4.88	Unabhängige Übungen.
5.88	Schießübungen.
2.8.88	Rückkehr nach Long Beach. Bis Ende des Jahres Teilnahme an einigen kleineren Übungen.
14.11.88	Abfahrt zur Teilnahme am Manöver RIMPAC 88.
vom 2.2.89 bis	
15.6.89	Große Werftliegezeit.
7.89	Kurze Übungsperiode.
vom 25.7.89 bis	
14.8.89	Teilnahme an der Übung READIEX 89.
18.9.89	Abfahrt zur Teilnahme an der Übung PACEX 89. Besuch in Südkorea, Übungen mit der japanischen Marine.
9.11.89	Rückkehr nach Long Beach.
2.90	Kurze Übungsperiode.
Ende 3.90	Abfahrt zum Manöver RIMPAC 90 bei Hawaii.
23.5.90	Rückkehr nach Long Beach.
6.90	Teilnahme an der Übung READIEX 2-90.
9.90	Übung Kernel Usher.
13.11.90	Abfahrt zur Nordarabischen See; Lokaloperationen.
2.1.91	Ankunft Persischer Golf.
17.1.91	Angriffe auf Irak mit Tomahawk; insgesamt 28 Marschflugkörper. Erster Artilleriebeschuß mit 40,6-cm-Geschützen seit dem Korea-Krieg, z.T. im Zusammenwirken mit USS *Wisconsin* (BB-64).
21.3.91	Abfahrt aus dem Persischen Golf; zwei Besuche in Australien, in Perth und Hobart.
13.5.91	Rückkehr nach Long Beach.
24.7.91	Abfahrt zu Besuchen in Seattle, Vancouver und San Francisco.
14.8.91	Rückkehr nach Long Beach.
10.91	Teilnahme an der Fleet Week in San Francisco.
29.11.91	Abfahrt nach Hawaii zur Teilnahme an der 50-Jahrfeier des japanischen Angriffs auf Pearl Harbor; US-Präsident Bush an Bord.
9.12.91	Abfahrt aus Pearl Harbor in Richtung Nordamerika; unterwegs Teilnahme am Filmprojekt „Alarmstufe: Rot“.
1.92	Beginn der Deaktivierung.
31.3.92	Außerdienststellung.

12.1.95	Streichung aus dem Schiffsregister.
9.96	Schleppfahrt nach Honolulu, Hawaii.
10.96	Denkmals- und Museumsschiff in Pearl Harbor, Hawaii.

BB-64 Wisconsin

8.8.86	Schleppfahrt von Philadelphia NS nach New Orleans, Dockarbeiten bei Avondale.
16.8.86	Ankunft bei Avondale, nach Erledigung der Dockarbeiten
Ende 1986	Schleppfahrt nach Pascagoula.
1987	Modernisierungsarbeiten bei Ingalls S.B.
29.8.88	Erste Probefahrt.
22.10.88	Indienststellung in Pascagoula.
29.11.88	Abfahrt zu Schießübungen vor Puerto Rico.
16.12.88	Ankunft in Norfolk.
2.89	Übungen im Atlantik.
25.2.89	Ankunft in Norfolk.
Ende 3.89 bis	
21.4.89	Übungen vor Puerto Rico.
13.6 bis 15.8.89	Große Werftliegezeit in der Marinewerft Philadelphia.
6.9. bis 5.12.89	Werftliegezeit in Pascagoula.
13.12.89	Abfahrt nach Norfolk.
19.1.90	Abfahrt nach Guantanamo Bay, Kuba; Besuch auf Jamaica.
15.3.90	Ankunft in Norfolk.
4.90	Mehrere kleinere Übungen.
4.6.90 bis	
Ende 6.90	Teilnahme Manöver FLEETEX 3-90.
7.8.90	Abfahrt zum Persischen Golf via Mittelmeer, danach Operationen im Persischen Golf.
17.1. bis 19.1.91	Start von 24 Tomahawk-Marschflugkörpern gegen Ziele im Irak.
7.2.91	Artilleriebeschuß irakischer Stellungen mit 40,6-cm-Geschützen; Einsatz von RPV-Aufklärungsdrohnen.
4.91	Abfahrt aus dem Persischen Golf.
28.3.91	Ankunft in Norfolk.
Anfang 6.91	Teilnahme an der Fleet Week in New York City.
13.6.91	Rückkehr nach Norfolk und Beginn der Deaktivierungsarbeiten.
30.9.91	Außerdienststellung.
12.1.95	Streichung aus dem Schiffsregister.

Bildteil

Iowa (BB-61)

Dieses Luftbild vermittelt in anschaulicher Weise die Anordnung der diversen Kampfsysteme der *Iowa*.
„Sea Power Magazine“

In der Marinewerft Philadelphia am 2. Mai 1980 aufgenommen: *Iowa*, dahinter *Wisconsin* und *Shangri La*, allesamt konserviert.
Sammlung L. van Ginderen

Am 14. April 1984, 14 Tage vor der Indienststellung, bei Ingalls in Pascagoula aufgenommen: drei Detailfotos der *Iowa*: Gefechtsmast mit Phalanx, zwei 12,7-cm-Kanonen L/38 im Doppelturm; beachte die unmodernen Gummi-Rettungsfloße (o. l.). Dreibeinmast mit geräumiger Plattform für SPS-49-Radar; UKW-Antennen und TACAN URN-25 (o. r.).

Verfasser

Ein 12,7-cm-Doppelturm, ein Tomahawk-ABL-Starter Mk 44 und ECCM-Antennengruppe SLQ-32(V) 3.

Drei Luftaufnahmen der *Iowa* anläßlich des Besuches in New York City im Oktober 1984. „Ships of the World"

Wie ein Schmetterling wurde hier, nach Rückkehr vom Einsatz, eine Pioneer-Aufklärungsdrohne in einem ausgebreiteten Netz „eingefangen“. USN

Die meisten Fotos aus dem Jahre 1985 entstanden beim ersten Besuch eines Schlachtschiffes in Kiel nach dem Zweiten Weltkrieg. Am 19. Oktober 1985 fährt *Iowa* hier in die Kieler Förde ein. J. Kürsener

19. Oktober 1985: *Iowa* hat vor dem Tirpitzhafen in Kiel Anker geworfen. Entsorgungs- und Verkehrsboote liegen längsseits.

P. Voß

Zuvor wird das schwere Schiff noch von Schleppern an den Ankerplatz geschleppt. J. Kürsener

Die Schiffsglocke der *Iowa* führt das Baujahr 1943. D. Wolf

Der Bug der *Iowa* ist gegen Holtenau gerichtet. Ein stark bewaffneter Soldat des Schiffs-Departments des U. S. Marine Corps beobachtet aufmerksam sämtliche um das Schiff stattfindende Bootsbewegungen. Dies war eine Vorbeugung gegen mögliche Greenpeace-Aktionen. R. Nerlich

Ebenfalls am 19. Oktober 1985 aufgenommen: Gefechtsmast, vorderer Schornstein und der neue Dreibein-Gittermast der *Iowa*.
H. Merz

Was die *Iowa* in erster Linie zu einem „unsymmetrischen" Schiff machte, ist der nur an der Steuerbordseite angebrachte Beölungmast mit seinen Schläuchen. Verfasser (25.10.85)

Ebenfalls in Kiel aufgenommen: Bereich des vorderen Schornsteins und des Dreibein-Gittermastes der *Iowa*. Seitlich des Schornsteins befindet sich ein FL-Gerät Mk 37 Mod. 8/10 mit FL-Radar Mk 25 zur Leitung der 12,7-cm-Geschütze. M. Bernard

Detailfoto des achteren Feuerleitgerätes Mk 38 Mod. 4/5 für die schwere Artillerie samt seinem FL-Radar Mk 13. Verfasser

Die Rückseite des Radarschirmes zur SPS-49-Anlage und die in Verbindung mit der Link-Übertragung von Informationen stehenden UKW-Antennen.
Verfasser (25.10.85)

Blick vom Achterschiff der *Iowa* nach vorne. Glühbirnen-Girlande zur abendlichen Illumination des Schiffes.
Verfasser (25.10.85)

Am 26. Oktober 1985 verläßt *Iowa* Kiel, nachdem eine Rekordzahl an Bordmützen an die zahlreichen Besucher verkauft werden konnte. P. Voß

Iowa beim Verlassen der Kieler Förde am 26. Oktober 1985.

Sammlung H. Dehnst

Nachdem Präsident Reagan und seine Begleitung das Schiff verlassen hatten, verlegte *Iowa* am 5. Juli 1986 auf die Brooklyn-Seite

des Hafens von New York, wo dieses Foto an Pier 1 entstand. Verfasser

Im Juli 1986 besuchten W. Donko und der Verfasser den Marinestützpunkt Norfolk, Virginia, wo sie die *Iowa* an der Pier 12 vorfanden. An der Außenseite dieser Pier sieht man den Flugzeugträger *Coral Sea* (CV-43). Das Foto entstand an Bord von *John F. Kennedy* (CV- 67).

W. Donko

Nach Ende der „Liberty"-Parade machte *Iowa* am 5. Juli 1986 an Pier 1 in Brooklyn fest. Zu sehen sind hier die Rückseite des 40,6-cm-Turmes Nr. 2 sowie zwei Ventilatoren. W. Donko

Im September 1986: *Iowa* macht in Bremerhaven fest. Zu bemerken ist der ausgeschnittene achtere Steuerbord-40-mm-Geschützstand, in dem nun ein Treibstofftank aus Gummi (für Hubschrauber) liegt; er kann im Falle eines Feuers schnellstens ins Meer befördert werden. W. Angermeier

Bei der selben Gelegenheit aufgenommen: *Iowa* in Bremerhaven, wo in der Großen Schleuse dieses Foto entstand. W. Angermeier ▶

61

Nach dem Besuch in Bremerhaven fuhr *Iowa* weiter nach England und machte in Portsmouth Halt, bei welcher Gelegenheit dieses schöne Foto entstand. Hier kann man deutlich den Bug-20-mm-Flakstand sehen, der sich von der Form desselben auf den Schwesterschiffen unterscheidet. Brian Service

Start eines Harpoon-Flugkörpers während der Teilnahme der *Iowa* an der Übung FleetEx 2-86. USN

Noch eine weitere Aufnahme vom September 1986 zeugt vom Besuch der *Iowa* in Portsmouth, England. „Ships of the World“

Diese Mittelschiffsaufnahme der *Iowa* entstand während eines Hafenaufenthaltes in Neapel am 23. September 1987.
L. Grazioli

◀ Etwa seit Dezember 1986 übernahm *Iowa* Aufklärungsdrohnen des Typs Pioneer, wozu auch die Anbringung der entsprechenden, unter einem Radom untergebrachten Kontroll-Radarantenne am hinteren Schornstein gehörte. „Ships of the World"

◀ Die ganze imposante Breite der *Iowa* von 33 m wird aus diesem achterlichen Foto deutlich, das am 3. Juli 1987 im Stützpunkt Norfolk aufgenommen wurde. (unten) Winter/Findler

▼ Im Oktober 1987 besuchte *Iowa* die Türkei, wobei diese achterliche Aufnahme entstand. „Ships of the World"

Kurz vor der Abfahrt aus dem Mittelmeer entstanden am 20. November 1987 bei der Ausfahrt aus Marseille diese beiden Fotos. Das Schiff fuhr danach in östlicher Richtung zum Suezkanal. Pradignac et Leo

Vermutlich im Oktober 1988 entstand die Sequenz von fünf Fotos der *Iowa* während Schießübungen vor Puerto Rico. Auf einem Foto wird deutlich, daß die 12,7-cm-Geschütze an der Steuerbordseite gerade feuern. (Seite 61/62)
Sammlung L. van Ginderen

Am 2. Oktober 1988 wurde *Iowa* erneut an der Pier 12 des Stützpunktes Norfolk aufgenommen. Verfasser

Das Achterschiff der *Iowa* während der Fahrt zum Ankerplatz in der Kieler Förde am 18. Juni 1989. A. Moreno

Am 18. Juni 1989 besuchte *Iowa* erneut Kiel, diesmal intensiv „begrüßt“ seitens der Organisation „Greenpeace“.
Hafenschutzpolizei SH ▶

61
BUGSIER 10
HAMBURG
GREENPEA

BIRKNACK

Von achtern aufgenommen: *Iowa* bei der Einfahrt in die Kieler Förde, gesehen von einem Hafenschlepper. A. Moreno

Iowa, über die Toppen geflaggt, vor Kiel; aufgenommen am 20. Juni 1989. Verfasser

Iowa, im Juni 1989; zu sehen ist der Bereich vor und hinter dem zweiten Schornstein mit sämtlichen ABL-Startern für Tomahawk-FK, mit sämtlichen Harpoon-FK, einem Doppelturm 12,7 cm und zwei Feuerleitgeräten. Die Satellitenantenne OE-82B befindet sich an der Achterkante des Schornsteines und die RPV-Kontrollantenne auf der Vorderkante. Zu beachten sind auch die Beölungsschläuche. Vor dem Schornstein befinden sich zwei von vier 20-mm-CIWS-Nahbereichsabwehranlagen Phalanx Mk 15. Sammlung H. Dehnst

Iowa vor Anker gegenüber dem Tirpitzhafen. Erstmalig überraschte das Schiff mit dem Vorhandensein eines Radomes für FL-Radar

SPQ-9A, unterhalb des Vormarses. A. Moreno

Hier ist *Iowa* am 3. Juli 1989 vor Portsmouth, England. Zu diesem Zeitpunkt war als Folge der folgenschweren Explosion in diesem Turm am 19. April 1989 der 40,6-cm-Geschützturm Nr. 2 bereits außer Betrieb. Sammlung L. van Ginderen

Gefechtsturm der *Iowa* samt dem neu hinzugekommenen FL-Radar SPQ-9A unterhalb des Vormarses. Das Foto entstand am 6. Juli 1989 in Portsmouth, England. J. Kürsener

Nach Besuchen und Übungen in europäischen Gewässern verlegte *Iowa* im August 1989 ins Mittelmeer, wo sie zeitweilig als Flaggschiff des Kommandanten der VI. Flotte an Stelle von *Belknap* (CG-26) fungierte, die sich bis zum November 1989 in der Werft aufhielt. Dies war die letzte Einsatzfahrt des Schlachtschiffes vor der Rückankunft in Norfolk im Dezember 1989. Dieses Foto wurde am 2. August 1989 beim Verlassen von Marseille aufgenommen. Pradignac et Leo

Nach der Außerdienststellung am 26. Oktober 1990 wurde *Iowa* wieder an ihren alten Liegeplatz vor die *Wisconsin* gelegt. Diese beiden Fotos wurden am 9. September 1993 bei der ISNAC in Philadelphia aufgenommen, als beide Schiffe bereits wieder konserviert waren. Die Anfang 1995 für diese beiden Schiffe ausgesprochene Streichung aus dem Schiffsregister wurde im Frühjahr 1996 wieder zurückgenommen, so daß die beiden Schlachtschiffe offiziell – wenigstens für einige Jahre – der Reserveflotte angehören, wo sie für eine mögliche Wiederaktivierung instandgehalten werden. (Seite 71 unten/72) USN, Sammlung W. Angermeier

New Jersey (BB-62)

Die *New Jersey* war das einzige Schlachtschiff der Klasse, das für den Küstenbeschuß vor Vietnam reaktiviert wurde, wenn auch nur für wenig mehr als ein Jahr (April 1968 bis Dezember 1969). Dieses und die nachfolgenden drei Abbildungen zeigen BB-62 während dieser kurzen Zeitperiode. Marine Photos

40,6-cm-Salven aus den schweren Geschütztürmen von Schlachtschiffen machen stets interessante Bilder, insbesondere dann, wenn aus allen Rohren geschossen wird. Auf diesen beiden Fotos kann erkannt werden, daß *New Jersey* 1968/69 noch über die gesamte 12,7-cm-Artillerie verfügte und daß auch die – inzwischen leeren – Wannen für die ehemals hier vorhandenen 40-mm-Fla-Vierlinge noch nicht entfernt wurden. Auch führte BB-62 damals noch den hinter dem zweiten Schornstein sichtbaren Dreibeinmast. USN

Während des Vietnam-Umbaus wurden die Räume für die elektronische Abwehr im Gefechtsturm im Vormars untergebracht. Die auf weit seitlich herausragenden Rahmen untergebrachten ECCM-Antennen gehörten dem damals in Verwendung stehenden Typ AN/ULQ-6 an. Das Foto entstand am 28. Januar 1969 in Yokosuka. „Ships of the World“

New Jersey (BB-62) schießt eine doppelte Breitseite aus neun 40,6-cm- und zwölf 12,7-cm-Rohren, in allem aus 21 Rohren.
USN, Sammlung W. Angermeier

Iowa (BB-61), aufgenommen am 19.10.85 in der Kieler Förde beim ersten Besuch in Kiel. Sammlung Dehnst

Achterschiff der *Iowa*: zwei unbemannte Drohnen (offiziell als UAV, „unmanned aerial vehicle“ bezeichnet) des israelischen Typs Pioneer stehen auf den Startwagen. Gestartet wird stets von der Backbordseite des Schiffes. (oben) „Ships of the World“

New Jersey (BB-62) im Jahre 1984. Aus dem rechten Geschützrohr des 40,6-cm-Turmes Nr. 1 wird gerade ein Schuß abgefeuert. (linke Seite oben) USN

Iowa, schräg von achtern aufgenommen, offensichtlich zu einem Hafenbesuch einlaufend. In der Regel werden dabei die schweren Geschützrohre aus der horizontalen Stellung angehoben. Das Schiff gewinnt dabei an Bedrohlichkeit. Im wärmeren Gegenden werden dabei an den Empfangsstationen Sonnensegel ausgesetzt. Bemerkenswerterweise tragen die Matrosen hier die dunklen Winteruniformen. Am vorderen Rand des achteren Schornsteins befindet sich das kugelförmige Radom für eine Radarantenne, die für die Verbindung des Schiffes mit den mitgeführten Aufklärungsdrohnen zuständig ist. Die Bezeichnung für diese Antenne ist in der Fachpresse niemals bekanntgegeben worden. (links) USN

Dieses und das nachfolgende Detailfoto wurden in Kiel aufgenommen. Die Backbordansicht entstand im Oktober 1985, die Steuerbordansicht im Juni 1989. Hier kann auch die einzige Veränderung im Aussehen festgestellt werden: 1989 verfügt die *Iowa* sowohl über die Pioneer-Drohnenantenne wie auch über die FL-Antenne SPQ-9A unter dem Vormars, an Stelle des früher dort befindlichen Bordlautsprechers. Drei von vier Phalanx-Geschützanlagen sind zu sehen, wie auch die an Backbord aufgestellte Hälfte von acht 6-fach-Werfern für Radartäuschraketen SRBOC Mk 36, letztere neben dem FLG Mk 37.

R. Nerlich

◀ *Iowa* im Oktober 1985 in Kiel: Blick von vorne auf drei 40,6-cm-Geschützrohre, auf die Brücke und auf den Gefechtsturm. Von oben nach unten gesehen sind hier untergebracht: Die Radarschirme zu SPS-49 und SPS-67, das Haupt-Feuerleitgerät Mk 38 mit FL-Radar Mk 13, darunter eine von zwei trommelartigen Satelliten-Empfangsantennen, OE-82B. Seitlich davon je eine ECCM-Antennengruppe zu SLQ-32(V)3; darunter im Vormars befindet sich der zum Unterschied der Anordnung auf *New Jersey* nach vorne ausgedehnte Elektronikraum. Auf der Brückendecke befindet sich eines von vier FLG Mk 37 mit dazugehörigem Radar Mk 25.

Sammlung Dehnst

Es ist nicht bekannt geworden, ob FL-Radar SPQ-9 (Normalerweise für den Überwasserbereich der 12,7-cm-Kanone Mk 45 zuständig!) hier nicht in einer verbesserten Version mit der 40,6-cm-Artillerie gekoppelt wurde. Man beobachte hier noch die alten, aufblasbaren Gummi-Rettungsflöße. Die Anbringung der modernen, selbst aufblasbaren, eingekapselten Rettungsinseln konnte nicht durchgeführt werden, weil die aus Kunststoff bestehenden Inseln dem Gasdruck der feuernden schweren Geschütze nicht standhalten würden.
Sammlung Dehnst

Schiffsdetails der *Iowa*, aufgenommen am 6.7.89 in Porthsmouth, England. Seitlich des achteren Schornsteins sieht man acht von 16 Harpoon-Flugkörpern. Die zweite Satellitenantenne OE-82B befindet sich hinter dem achteren Schornstein. Die Geschützrohre von Phalanx sind abgedeckt. J. Kürsener

Eine eindrucksvolle Achteransicht der *Iowa*, aufgenommen während des Besuches in Istanbul im Oktober 1987. Zu beachten ist, daß auf beiden Seiten gerade die Verkehrsboote ausgeschwungen und zu Wasser gelassen werden. Der Beölungsmast an Steuerbord ist der einzige Faktor für eine nicht vorhandene Symmetrie des Schiffes. In der Steuerbord-Flakwanne sieht man die Schrägrutsche, über die im Falle einer Feuersbrunst der aus Gummi bestehende Tank für den Helikoptertreibstoff über Bord gegeben würde.

„Ships of the World"

New Jersey (BB-62), aufgenommen am 1.10.88 mit großer Flaggengala während eines Hafenbesuches in Japan. „Ships of the World“

24.8.86: *New Jersey* (BB-62) auf dem Wege zu einem Hafenbesuch in Japan. Zu beachten ist der im Vergleich zu den Schwesterschiffen anders aussehende Vormars. Die Schiffsglocke sieht man im Bereich der Bug-Nachrichtenantenne. „Ships of the World“

New Jersey, aufgenommen am 1.10.88 während eines Hafenbesuches in Japan. Zu bemerken ist die elegant geschwungene Gestaltung der Bugpartie. „Ships of the World"

New Jersey unterwegs. Auf Geschützturm Nr. 2 und 3 befinden sich die Stützen zur Durchführung des Personaltransfers von Schiff zu Schiff mittels eines an Seilen befestigten Tranportsessels. „Ships of the World"

Vorderansicht des Gefechtsturmes der *New Jersey*. USN

New Jersey, Detailfoto der Waffenstationen im Bereich des Gefechtsturmes der beiden Schornsteine: drei 12,7-cm-Türme, vier Tomahawk-ABL-Sta Mk 44, acht Harpoon-Startkanister, zwei Phalanx CIWS Mk 15.
„Sea Power Magazi

New Jersey, aufgenommen am 30.9.88 im Pazifik. Sammlung L. van Ginderen

Im Trockendock der Marinewerft Long Beach am 15.9.90 aufgenommen: *New Jersey* wird deaktiviert; zahlreiche elektronische Geräte wurden bereits entfernt, aber die Heckflagge weht noch. Das Schiff wurde Anfang 1991 offiziell außer Dienst gestellt.
Winter/Findler

New Jersey bei Schießübungen der schweren Artillerie. USN

Am Morgen des 1.10.86 aufgenommen: *Missouri* (BB-63) bei der Ankunft in Sidney, Australien, zur Teilnahme an den Feierlichkeiten anläßlich des 75. Jubiläums der Gründung der australischen Marine. RAN

Mit Blick nach vorne: Detailfoto des Mittelschiffes der *Missouri*, aufgenommen in heimatlichen Gewässern. Die Harpoonstarter Mk 141 sind leer, die Flugkörper sind noch nicht wieder an Bord. Der Decksbelag der vorderen Schiffshälfte besteht aus Teakholz, ab Schiffsmitte nach achtern zu besteht das Deck aus rutschfestem Stahl. „Sea Power Magazine" ▶

Die elegante Linienführung dieser Schlachtschiffe kann u.a. auch auf diesem Foto der *Missouri* bewundert werden. Nach dem Zustand der Zurüstung zu urteilen, muß dieses Foto etwa Anfang 1991 entstanden sein, also vor dem Kampfeinsatz im Persischen Golf. „Ships of the World"

Die rote Signalflagge zeigt es an: *Wisconsin* (BB-64), aufgenommen während der Schießübungen der schweren Artillerie. USN

Wisconsin: Breitseite nach Steuerbord aus 15 40,6- und 12,7-cm-Geschützrohren. Aufnahme etwa Mitte 1988. USN

Mittelschiff der *Wisconsin* (BB-64). Im Hintergund befindet sich ein Depotschiff der *Sgt. Matei Kocak-Klasse*. „Sea Power Magazine“

Elf Tage dauerte die Schleppfahrt von Bremerton nach Long Beach. Die Marineschlepper *Takelma* (ATF-113), *Moctobi* (ATF-105), letzterer an Steuerbord, sowie ein ziviler Schlepper lieferten *New Jersey* nach einer durchschnittlichen Schleppfahrt von 4,9 kn am 6. August 1981 bei der Marinewerft in Long Beach ab. Während der Überfahrt befanden sich 22 Mann an Bord des Schlachtschiffes. Sie unterstützten die Schleppfahrt, sorgten für Sicherheit und schoben Feuerwache. Mit dem ersten Umbau eines Schiffes der *Iowa*-Klasse konnte begonnen werden. USN

New Jersey an Ihrem Liegeplatz während der Reservezugehörigkeit, sowie ein Blick auf den Gefechtsturm mit der Schiffsglocke. Das Foto entstand im April 1981 in Bremerton. (oben und links)
Merz

▶

Noch vor der Wiederindienststellung Ende 1982 absolvierte *New Jersey* Schießübungen. Erstmalig nach Vietnam wurden die 40,6-cm-Geschütze angeschossen. Auf dem unteren Bild sieht man den Start eines Tomahawk-Flugkörpers aus einem der auf dem Mittelschiff befindlichen ABL-Starter (ABL = Armored Box Launcher).
USN

Nicht näher datiert ist diese Aufnahme des Mittelschiffes der *New Jersey*. Die ECCM-Anlage SLQ-32 befindet sich hier beinahe an der gleichen Stelle, wie 1968/69 ULQ-6. „Ships of the World"

Vom Signaldeck der BB-62 aufgenommen: Die drei Rohre des Geschützturmes Nr. 2 befinden sich in Hartlage nach Backbord. Bei einer Salve in dieser Lage würde es vermutlich infolge des Gasdrucks einige Beschädigungen an den auf der Brücke befindlichen Instrumenten geben. „Sea Classic Magazine" ▶

Steuerbord-Detail des Bereiches um den Gefechtsturm und um den vorderen Schornstein. Hier beobachtet man, daß der Dreibeinmast sich mit seinen beiden Schrägbeinen nicht auf eines der Decks stützt, sondern gewissermaßen an den Schornstein „angeklebt" ist. „Ships of the World"

Eine eindrucksvolle Vorderansicht der *New Jersey*. USN

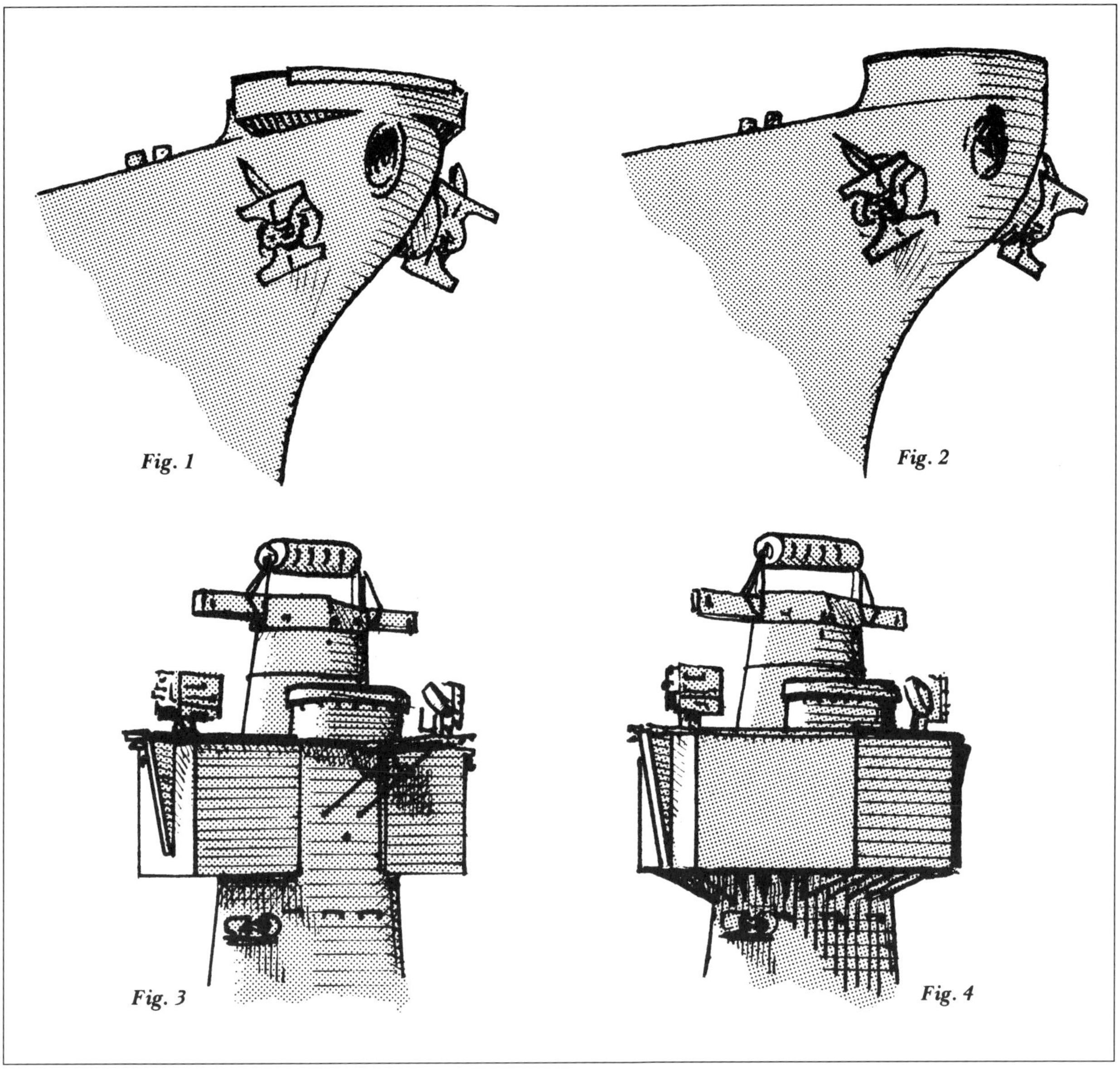

Dies ist eine von einem Leser von „Warship International" angefertigte Serie von Zeichnungen, mit der die äußeren Unterschiede – es waren nur ganz wenige – bei den vier Schwesterschiffen dokumentiert werden. Fig. 1: Bugwanne auf *Iowa*, Fig. 2: Bugwanne bei den übrigen Schiffen. Fig. 3: ECCM-Stand auf *New Jersey*, Fig. 4: ECCM-Stand auf den übrigen Schiffen. „Warship International"

◀ Beliebt war stets die Ansicht der vorderen schweren Geschütztürme und des Gefechtsturmes vom Vorschiff her. Zu beachten sind hier einmal mehr der gegenüber den Schwesterschiffen unterschiedliche Vormars mit den Elektronikräumen und die Antennengruppen zu SLQ-32. „Sea Classics Magazine"

Eine Serie von sieben Bildern zeigt Details von auf BB-62 befindlichen Geräten (USN):

◀ Dieses Foto entstand am 28. Dezember 1982, als *New Jersey* in Long Beach in Anwesenheit von Präsident Ronald Reagan wieder in Dienst gestellt wurde. USN

Vorderes FLG Mk 38 und Antennengruppe zu SLQ-32(V)3. Steuerbord-FLG Mk 37. Eine von vier Phalanx-Nahbereichsabwehr-Geschützanlagen. Oberer Teil des Gefechtsmastes mit SPS-49-Radar zuoberst. Blick auf den vorderen Aufbautenbereich schräg von Steuerbord achtern. Achterer Schornstein und die achteren FLG M~ 8 und Mk 37 (rechts). Blick auf den Beölungsmast und auf einen - aufgeklappten - ABL-Starter für Tomahawk-FK. (siehe auch Seite 83 und 84)

New Jersey, aufgenommen während der Seeversuchsfahrten vor der kalifornischen Küste, Mitte September 1982, also noch vor der Wiederindienststellung. ▶
USN

Vor der kalifornischen Küste wurde am 15. April 1983 dieses Foto mit *New Jersey* und der sie begleitenden Fregatte *Meyercord* (FF-1058) aufgenommen. USN

Bei der selben Gelegenheit, also noch vor der Abfahrt zur Jungfernfahrt in den Westpazifik, wurde auch dieses Foto am 15. April 1983 aufgenommen. Im Hintergrund sieht man den Zerstörer *Fletcher* (DD-992). USN

Zwei Luftaufnahmen der *New Jersey* aus dem Jahr 1983 verdeutlichen die elegante Linie der Schlachtschiffe dieser Klasse. USN

62

Diese Fotos entstanden, als *New Jersey* von der Libanon-Küste abberufen wurde und – im April 1984 – vor der französischen Mittelmeer-Küste Station machte, um danach nach Long Beach zurückzufahren. (Seite 92/93+94/95) Pradignac et Leo

Im August 1986 besuchte *New Jersey* u. a. Japan und beteiligte sich an Übungen mit japanischen Seestreitkräften. Bei der Einfahrt nach Sasebo paradiert die Schiffsbesatzung in weiß. Auf Turm Nr. 2 sieht man die Fahnenabordnung mit den Zeremonienfahnen der USA, der U. S. Navy und des U. S. Marine Corps. Dahinter sind zwei Halbzüge mit USMC-Soldaten zu beobachten.
„Sea Power Magazine“

…und so stellte sich der Einzug nach Sasebo im August 1986 aus der Vogelperspektive dar. „Ships of the World“

…und so von achtern… „Ships of the World"

Am 2. September 1988 weilte *New Jersey* anläßlich des Besuches in Australien auch in Cockburn Sound in Westaustralien, wo dieses Foto entstand. Dies war der erste Besuch eines Schlachtschiffes in Fremantle. RAN

Am 1. Oktober 1988 war *New Jersey* in Sidney, wo diese stark vorliche Aufnahme entstand. Sammlung L. van Ginderen

Wieder in der Heimat: *New Jersey*, aufgenommen am 2. Juli 1989 in Long Beach. Im Hintergrund sieht man *Peleliu* (LHA-5), das letzte von fünf Schiffen der *Tarawa*-Klasse.
Sammlung L. van Ginderen

Missouri (BB-63)

Viele Jahre lang lag die *Missouri* als Reserveschiff mit zusätzlichem Museums-Auftrag bei der ISNAC in Bremerton, Wash., wobei diese drei Fotos entstanden: Buganischt (links) USN

Mittelschiff der Missouri, aufgenommen im Juli 1983.
W. Donko

Gefechtsturm, aufgenommen im April 1981. A. Merz

Ein undatiertes vorliches Foto der *Missouri* nach Umbau-Ende. „Sea Power Magazine"

Das Anschießen der schweren Geschütze im Jahre 1985, noch vor der Wiederindienststellung. USN

Im März 1986 kehrt *Missouri* von Seeversuchsfahrten nach Long Beach zurück, zwei Monate vor der Wiederindienststellung. USN

Auf dem Wege zur Weltumrundung. Aufenthalt am 17. September 1986 in Pearl Harbor. Sammlung Pradignac et Leo

Am 6. Oktober 1986 zieht *Missouri* in Begleitung zahlreicher Privatboote nach Sidney ein. Vor dem zweiten Schornstein befindet sich das runde Radom für die Satellitenantenne zum System WSC-6; nach kurzer Zeit wurde die Antenne wieder entfernt, weil sie den Auswirkungen des Gasdrucks beim Feuern der schweren Geschütze nicht gewachsen war. Sammlung L. van Ginderen

Bei der selben Gelegenheit aufgenommen: Detailaufnahme der *Missouri* bei der Ankunft in Sidney am 6. Oktober 1986.
Sammlung L. van Ginderen

Missouri wird am 6. Oktober 1986 an ihren Ankerplatz in Sidney bugsiert, umgeben von einer großen Anzahl von Booten. Bemerkenswert ist die große Fläche der gesetzten Sonnensegel. Auch hier kann die WSC-6-Antenne gut ausgemacht werden.
Sammlung L. van Ginderen

Oktober 1986: Eine sehr schöne Buganansicht der *Missouri* in australischen Gewässern. USN

Im Zuge der Weltumrundung besuchte *Missouri* auch Lissabon, wo am 25. November 1986 diese Aufnahme entstand. Die achtere Steuerbordwanne ist hier nicht – wie bei der *Iowa* – ausgeschnitten. Sammlung L. van Ginderen

14 Monate nach dem ersten Besuch weilte *Missouri* erneut in Sidney, wo bei der Ankunft am 22. Dezember 1987 dieses Foto entstand. Sammlung L. van Ginderen

Im Frühjahr 1988 hielt sich *Missouri* in nordpazifischen Gewässern auf, wo am 18. März 1988 dieses Foto entstand.
Sammlung L. van Ginderen

Im Herbst 1989 gab es viel Gelegenheit für die eifrigen Japaner, schöne Aufnahmen der *Missouri* zu machen, als das Schiff aus Anlaß von gemeinsamen Übungen in japanischen Gewässern weilte. Besonders beliebt waren dabei Aufnahmen der zeremoniellen Einfahrt in den für den Besuch bestimmten Hafen. Obligatorisch war dabei stets die Aufnahme der vorderen 40,6-cm-Geschütze samt dem Gefechtsmast, oder die des auf dem Turm Nr. 2 angetretenen Fahnentrupps.
„Sea Power Magazine"

Ebenfalls um diese Zeit entstanden auch die vorzüglichen Fotos der *Missouri* während des Aufenthaltes in japanischen Gewässern, die zahlreiche Details zeigen; in diesem Falle diejenigen des Bereiches der Brücke und der achteren Aufbauten. „Sea Power Magazine“

Missouri im Herbst 1989 in japanischen Gewässern.

„Sea Power Magazine“

◀ Selten kam es vor, daß die beiden im Pazifik fahrenden Schwesterschiffe einander im Heimatstützpunkt begegneten. Dieses Foto ist mit 22. September 1989 datiert, was möglicherweise nicht unbedingt stimmen muß. Offensichtlich liegen Schlachtschiffe, wie die Flugzeugträger auch, stets mit der Steuerbordseite an der Pier. *New Jersey* verfügt hier schon über die RPV-Antenne vor dem zweiten Schornstein, *Missouri* dagegen noch nicht. Sammlung L. van Ginderen

In See dagegen gab es Begegnungen solcher Art. Während der Operation »Desert Storm« im Persischen Golf im Januar 1991 operierten *Missouri* und *Wisconsin* zum erstenmal seit dem Zweiten Weltkrieg zusammen, wovon u. a. dieses Foto der Proviant- und Treibstoffübernahme von *Sacramento* (AOE-l) zeugt. USN

Dieses Foto entstand am 18. Januar 1991 im Persischen Golf und zeigt den Start eines Tomahawk-Flugkörpers auf der *Missouri,* der ein Ziel im Irak treffen soll. Während die BB-63 und -64 noch Krieg führten, gehörten die beiden Schwesterschiffe schon längst nicht mehr zur kämpfenden Flotte. USN, Sammlung J. Kürsener

Ort und Datum dieser so friedvollen Aufnahme wurden nicht bekanntgegeben, sie zeigen jedoch die *Missouri* „...nearing decommissioning". RPV- und SQS-9A-Radom – in grauer Farbe – zeugen davon, daß die Aufnahme während der letzten aktiven Dienstwochen entstand.
„Ships of the World“

Nach der im Januar 1992 begonnen Deaktivierung – verschiedene Anlagenteile fehlen bereits auf diesem Foto – erfolgte am 31. März 1992 die offizielle Außerdienststellung der *Missouri.* USN

Wisconsin (BB-64)

Erinnerung an vergangene Schlachtschiff-Herrlichkeit: *Wisconsin*, aufgenommen im Jahre 1954, hier noch mit der breiteren Bugwanne,

mit 40-mm-Flak, mit SPS-8A-Radar und Flugzeugkran auf dem Achterschiff. Real Photographs

August 1986: *Wisconsin* wird am Haken eines Marineschleppers zur Avondale-Werft geschleppt, wo vor der Modernisierung bei Ingalls Dockarbeiten vorgenommen wurden. Ingalls S. B.

Nach Ende der Umbauarbeiten veranschaulicht dieses Luftfoto das ganze Ausmaß der Modernisierung. USN ▶

Zum ersten Mal nach 1958 verläßt *Wisconsin* am 28. August 1988 die Umbauwerft Ingalls, um mit den Vertragsprobefahrten zu beginnen.
USN

Stets eindrucksvoll sind Fotos, auf denen das Anschießen der schweren Geschütze dokumentiert wird. In diesem Falle fanden die

Schießübungen der *Wisconsin* etwas mehr als einen Monat nach der Wiederindienststellung statt. (siehe auch S. 122/123) USN

Besondere Fotoeinstellungen zeitigen manchmal auch bei ansonsten sehr eleganten Schiffen skurriles Aussehen. Dieses Foto entstand am 20. Oktober 1988, also zwei Tage vor der Wiederindienststellungszeremonie in Pascagoula. Verfasser

Einige Detailfotos, die ebenfalls am 20. Oktober 1988 an Bord der *Wisconsin* aufgenommen wurden:

Barbette und Turm Nr. 2 der schweren Artillerie. ▼

Einer der verbliebenen 12,7-cm-Doppeltürme L/38.

Zwei von acht ABL-Startern Mk 44 für Tomahawk-Flugkörper.

Einer von acht Düppelwerfern Mk 36 (System SRBOC).

Achtere Steuerbordwanne mit abgesenkter Oberkante.
Alle Fotos: Verfasser

Diesmal von der *Wisconsin*-Seite fotografiert: *Missouri* und *Wisconsin* werden vor Beginn der Operation »Desert Storm« im Persischen Golf am 14. Januar 1991 durch *Sacramento* (AOE-l) in See versorgt. USN

Ende März 1991 entstanden diese beiden Aufnahmen, als *Wisconsin* vom Persischen Golf zur US-Ostküste zurückkehrte. Auf dem Achterschiff befindet sich ein dunkelgrüner Hubschrauber der VIP-Version VH-3A Sea King. USN ▶

Zwei sehr schöne Ansichten der *Wisconsin*. Ort und Datum der Aufnahme sind unbekannt.

Am 28. März 1991 entstand vor Norfolk dieses Foto, das die *Wisconsin* bei der Rückkehr aus dem Persischen Golf zeigt.

„Ships of the World“

USN

Nach der Rückkehr von der Fleet Week in New York City am 13. Juni 1991 begannen in Norfolk die Desarmierungsarbeiten als Vorbereitung für die am 30. September 1991 stattgefundene Außerdienststellung der *Wisconsin*, die in Norfolk erfolgte. Aus dieser

Periode stammen die vier folgenden Abbildungen, von denen die ersten drei am 24. August 1991, die achterliche am 3. September 1991 aufgenommen wurden. Winter/Findler

SCONSIN
64
64

Der Autor

Dipl.-Ing. Stefan Terzibaschitsch, Jahrgang 1926. Seit 1986 im Ruhestand. Terzibaschitsch hat sich seit 1961 auf die amerikanische Marine spezialisiert und gilt gegenwärtig als der europäische Experte für Schiffe und Flugzeuge der US Navy. Er verfaßte bisher 22 Marinebücher aus dem Bereich dieser größten Marine der Welt und schrieb über 400 Fachartikel für in- und ausländische Marinezeitschriften. Seit 1962 ist Stefan Terzibaschitsch auch Herausgeber der vierteljährlich erscheinenden Informationszeitschrift „Nachrichten aus der U. S. Navy". Er besitzt eine sehr umfangreiche Sammlung von Schiffs- und Flugzeugfotos der U. S. Navy und kennt die diversen Bereiche der US-Marine aus eigener Anschauung, die er während mehrerer Besuche in den USA gewonnen hat. Die Lebensmitgliedschaft beim U. S. Naval Institute zeugt von seiner international anerkannten Reputation.